AF311817

DES MOYENS

DE GROSSIR

LES GRAINES ET LES FRUITS

DE DOUBLER

LES FLEURS

ET

d'en varier à volonté les proportions et la forme.

PAR ACHILLE BARBIER,

Jardinier chez M. le marquis de la Grange.

Novembre 1861.

BORDEAUX.
FERET fils, libraire-éditeur,
15, Fossés de l'Intendance.

PARIS.
A la librairie Agricole de la Maison
Rustique, rue Jacob, 26.

BLAYE. — IMPRIMERIE DE J. LAMARQUE.

À

Claude-Joseph BARBIER,

Né en 1797,

Volontaire dans la garde d'honneur en 1813,

Directeur de l'exploitation agricole des Cheminées (Charente-
inférieure),

Auteur du projet de l'Ile des Oiseaux (bassin d'Arcachon), pour
l'établissement d'une exploitation piscicole et de parcs
a huîtres,

Directeur de l'exploitation agricole de Laujac (Gironde),

Auteur et directeur des irrigations de Frèche (Gironde),

Mort en 1855,

Son fils respectueux,

Achille BARBIER.

Tout exemplaire non revêtu de la signature auto-
graphe de l'auteur sera contrefait.

AVANT-PROPOS.

Depuis 89, il n'est pas de question qui ait été plus
fréquemment soulevée que celle de l'Agriculture ; il n'en
est pas non plus qui soit restée plus inféconde. Eh
pourtant, combien de mémoires, d'expériences, de leçons, d'inventions n'a-t-on pas faites pour la sortir de
l'espèce d'engourdissement dans lequel on s'obstine à
la laisser languir ! Que d'efforts et d'encouragements de
la part des gouvernements, que de récompenses données avec pompe et restées stériles !

Depuis soixante ans qu'on annonce prophétiquement
une nouvelle agriculture, c'est-à-dire une agriculture
raisonnée, sérieuse, fabuleuse même, qui produit beaucoup avec peu, une agriculture, enfin, comme il n'en
existera jamais, ou en sommes-nous ?..... Comme par

le passé, nous abondons en superbes théories, et les nouveaux venus prouvent que les partants ont tort. Voilà, je crois, tout le progrès. Aussi, grâce à ces hommes éminemment supérieurs, l'Agriculture n'est plus une science vulgaire, c'est une science savante, sublime, économique et à la portée de tout le monde, car elle se trouve dans la boutique d'un droguiste.

« Si vous voulez enrichir vos terres, leur donner du
» corps, les rendre plus fertiles, plus productives, ajou-
» tez de l'acide sulfurique à vos engrais, vous dira l'un
» de ces nouveaux agriculteurs, c'est le cordial le plus
» bienfaisant que l'on puisse donner au sol, parcequ'en
» y fixant les molécules ammoniacales dont il est ex-
» cessivement avide, il devient ainsi la cause d'une vé-
» gétation inouïe. »

Mais un autre, qui aura entendu débiter cette gros-
sière absurdité, s'approchera de vous pour vous prouver le contraire. « Depuis quand, est-ce donc que l'a-
» cide sulfurique joue un rôle dans l'amélioration des
» terres? Dans quel sol le trouve-t-on en liberté? Exis-
» te-t-il dans l'eau des pluies, dans les déjections ani-
» males, ou dans les décompositions végétales? Non
» certainement. — Convenez donc, Monsieur, que mon
» collègue entend l'agriculture d'une singulière façon,
» et que si nous voulions l'en croire nous serions bien-
» tôt réduits à manger de la terre comme les lombrics.
» Employez l'ammoniaque, à la bonne heure! cela se
» conçoit, car cet agent fait essentiellement partie de

» l'alimentation végetale, et cela est si vrai, qu'on la
» retrouve dans les urines aussi bien que dans les dé-
» compositions végétales ou animales. Pour tous les
» savants dont je m'enorgueillis d'ètre l'interprète,
» l'ammoniaque est l'ambroisie des plantes. c'est elle
» seule qui les soutient et qui leur donne le dévelop-
» pement extraordinaire qu'elles acquièrent. Achetez
» donc de l'ammoniaque, saturez-en vos engrais, et,
» en cela, vous ne ferez qu'imiter le Créateur qui la
» fait tomber avec l'eau du ciel. »

Un troisième savant, tout aussi ignorant que les premiers, voyant votre indécision sur deux avis aussi dis-
semblables, succèdera au deuxième et se hasardera à
vous dire à son tour : « Ne voyez-vous pas que mes
» confréres sont chefs d'école, et qu'ils soutiennent des
» théories également ridicules et compromettantes pour
» le propriétaire assez simple pour les croire. Croyez-
» vous que si le Créateur avait jugé l'acide sulfurique
» nécessaire à la végétation des plantes, il ne l'eût pas
» fait tomber avec l'eau des pluies ? Quant à l'emploi
» de l'ammoniaque, je n'en vois nullement l'avantage,
» car un de mes amis, un chimiste éminent et distin-
» gué, vient de prouver que les corps en se décompo-
» sant, produisaient l'ammoniaque nécessaire à la vé-
» gétation. Un excédant de cet ingrédient, ne peut donc
» qu'être très-nuisible en brûlant les racines des plantes,
» pour me servir d'une expression vulgaire. N'ajoutez
» donc à vos engrais ni acide sulfurique, ni ammonia-

» que, employez plutôt le sulfate de fer qui produit des
» effets merveilleux. Rien n'est plus propice en effet
» que l'addition de cet ingrédient, qui, dans son con-
» tact avec les engrais, facilite prodigieusement leur
» décomposition, les rend par cela même plus assimi-
» lables aux plantes, et leur abandonne le fer dont elles
» sont si avides. Avec du sulfate de fer, j'ai composé
» en trois mois des engrais supérieurs à tout ce que
» l'on connaît, et, par ce moyen si simple, j'ai obtenu
» des produits inouïs dans des terres de la plus grande
» médiocrité, etc., etc. »

Ainsi se professe la sublime agriculture.

Depuis que ce brouhaha babylonéen se continne, il
n'est personne qui ait songé aux véritables moyens de
créer une *sérieuse* agriculture.

Tandis que les horticulteurs réalisent des prodiges,
les agriculteurs persistent dans leur étroite idéologie.
On a promis 500,000 fr. à celui qui obtiendrait le camélia bleu ; qu'a-t-on offert à celui qui découvrirait
une variété de froment supérieure à toutes celles qui
existent ? On propose 200,000 fr. à celui qui gagnera
la rose bleue, que promet-on à celui qui obtiendrait
un raisin propre à la fabrication du vin, et donnant
des produits supérieurs à ceux de toutes les variétés
existantes ? Enfin, il a été proposé 100,000 fr. en faveur de celui qui trouverait le dahlia bleu, qu'a-t-on
voté pour celui qui obtiendrait une variété de pomme
de terre en tout supérieure aux variétés qui sont con-

nues ?

Rien, rien, et encore rien.

Voilà pourtant un fait dont personne n'est surpris.

Ainsi, tandis que l'horticulteur trouve un bénéfice réel dans les plantes qu'il obtient, en cherchant celle pour laquelle on attache une récompense, l'agriculteur en est quitte pour ses peines, quant aux déceptions d'une tentative mal combinée, ne viennent pas s'ajouter les railleries de ses voisins.

Double désagrément et double ingratitude de la société.

Certains esprits, qui trouvent toutes choses très-faciles tant qu'ils ne sont pas obligés de mettre la main à l'œuvre, s'étonnent de l'inertie agricole, eh bien, je crois devoir le dire, ces mêmes hommes sont les premiers à enrayer les progrés qu'ils semblent pousser de toutes leurs forces. Combien de cultivateurs, de laboureurs auraient réalisés d'utiles perfectionnements, si la trop modeste récompense qu'on leur décerne n'était pas donnée bien souvent à ceux qui ne la méritent que par leur ignorance et leur incapacité !

Il faut avoir été atteint d'une semblable injustice pour en connaître la cruelle amertume et pour comprendre le découragement qu'on éprouve lorsqu'après bien des études, bien des tentatives, des efforts, des des peines et des soins, on vous décerne ironiquement la récompense qui aurait fait rougir les autres.

Mais à part cette monstruosité qui froisse tout ce que

la justice a de majestueux et de réel, il existe un vice
plus pernicieux encore, c'est la persistance avec laquelle on abandonne le cultivateur à l'isolement et à
son insouciance, alors qu'il serait si facile de lui faire
accomplir des choses merveilleuses.

Avec le seul traitement d'un inspecteur général de
l'agriculture et le concours des préfets, je voudrais
réaliser, en quatre ans, six fois plus de progrès que
toutes les sociétés d'agriculture réunies.

Et en effet, ce ne sont ni les bons procédés de culture ni les terres qui manquent; ce sont des variétés
productives, sobres envers les éléments végétatifs du
sol et assez robustes pour résister aux variations at-
mosphériques. Si nous avions en France une ou deux
espèces de froment qui résisteraient aux intempéries,
aurions-nous jamais à craindre une disette? Si nous
avions des variétés de pois, de haricots, de pomme de
de terre, de maïs supérieures à celles que nous possédons, notre agriculture serait-elle languissante et
routinière comme elle l'est? A quoi la pomme de terre
a-t-elle dû la généralisation de sa culture? N'est-ce pas
aux variétés qui se sont successivement produites et
qui sont tellement méconnaissables avec leur type,
que ce dernier a été rejetté comme impropre à la culture?

Si au lieu de donner des récompenses à un propriétaire dont les produits sont magnifiques parcequ'ils
proviennent d'un sol extrèmement riche, mais qui sont

venus sans culture, on l'accordait à celui qui présente
des variétés nouvelles supérieures ou seulement égales
à celles qui existent, on aurait des résultats bien autrement satisfaisants. Pour ce qui est de la bonne culture, tout propriétaire est intéressé à son application,
mais lorsqu'il s'agit de s'adresser en quelque sorte au
néant pour en tirer des espèces nouvelles, on regarde
à deux fois avant d'entreprendre une tentative qui exige
beaucoup de soins et d'intelligence, et qui en définitive
ne promet pas de grands bénéfices. De là naît, on le
comprend, l'indifférence du cultivateur à ce sujet. (Et
en outre, combien d'entre eux ignorent qu'on arrive à
la perfection des espèces par la fécondation et le semis !)

Mais du jour où on promettra une récompense ho-
norable et une somme d'argent assez élevée, pour payer
généreusement les efforts de celui qui aura obtenu par
la fécondation et le semis des espèces nouvelles et méritantes, on pourra dire que le problème agricole sera
résolu,

Combien de cultivateurs en effet restent oisifs parcequ'ils n'ont aucun moyen de se distinguer ou parcequ'ils connaissent les difficultés qu'on rencontre
avant de pouvoir se faire connaître et tirer parti de sa
découverte !

En offrant une prime à l'obtenteur d'une variété
supérieure et en faisant entrer la fécondation artificielle
dans le programme de l'instruction primaire, on évite

tous ces inconvénients parce que l'enfant éveillera suffisamment l'attention de son père à ce sujet, pour le
décider à acquérir les variétés supérieures et peut-être
aussi à essayer le perfectionnement des espèces.

Il résulterait trois immenses avantages de ces me-
sures : le premier serait de répandre promptement les
variétés hors lignes et d'accroître ainsi la richesse nationale en augmentant les produits ; le second, d'enrichir promptement l'heureux obtenteur du gain merveilleux, ce qui serait une puissante émulation pour
les autres, et le troisième d'encourager les cultivateurs
à tenter une expérience qui ne leur coûte rien et qui
peut leur donner en peu de temps une brillante fortune.

Il est incontestable que chacun vise à la fortune et
que ce but, vers lequel tous les hommes tendent, est
impossible pour le cultivateur dans l'état actuel des
choses. Il ne faut donc pas se dissimuler que le sentiment qui porte le campagnard vers les villes, c'est
celui de l'argent, et que l'espoir seul d'en avoir un
jour peut le retenir au foyer paternel. *Le cultivateur
a les mêmes droits à l'aisance et à la fortune que l'industriel ou le commerçant, et lorsque les villes lui
offrent les moyens d'y parvenir, il aurait tort de ne
pas en user. Il sait qu'il est homme et citoyen, et qu'à
ce titre nul ne se sacrifiant pour lui, il ne doit pas se
sacrifier aux autres.* Tel est le raisonnement des déserteurs. Et en effet, l'homme qui se sait la risée du

citadin, qui ne vit que de privations de travail et de fatigues, et qui en échange de son abnégation se voit préférer le salut d'un *fripon*, ne doit-il pas être découragé, lorsqu'à tant de générosité on lui oppose l'ironie et le mépris ? Quelle perspective de bien-être peut-il entrevoir dans son travail ingrat ? Quelle consolation éprouve-t-il au milieu de son isolement, lorsque les fatigues ont épuisé ses forces et que les infirmités de l'ignorance viennent s'ajouter à son abandon ?

Si, pourtant, un jour vient où il se réunit avec ses confrères à une fête qui devrait être de famille, il entend de belles phrases et de grands mots qu'il ne comprend pas, et quelques minutes après, il est témoin d'un attentat contre la justice par la main de celui-là même dont la bouche avait exalté la probité et l'équité. A tous ces faits qui surexcitent ses dégoûts et son découragement, viennent s'ajouter ceux des mauvaises récoltes. De quel côté qu'il porte ses regards, il n'entrevoit que la plus cruelle perspective : Rien qui l'encourage ; rien qui lui donne espoir... La vigne est malade, la pomme de terre pourrit et le froment devient d'une chétiveté incroyable. Il faut donc qu'il succombe, car ses voisins qui ont habité la ville lui ont raconté des choses merveilleuses. Malgré leurs séduisants récits, il ne se rebute pas cependant parcequ'il ne saurait vivre loin de son champ ; mais s'il persiste, c'est pour encourager ses enfants à s'adonner à un métier ou à quelque industrie. Les enfants, voyant un avenir plus assuré dans une profession qui flatte leur vanité, suivent les conseils de leur père et vont apprendre tant bien que mal un métier pour ne jamais plus retourner aux champs.

Mais du jour où l'on prouvera aux cultivateurs et à leurs enfants que l'agriculture est une Californie que tout le monde a le droit d'exploiter, lorsqu'on leur aura fait comprendre la facilité avec laquelle ils peuvent s'élever et qu'on leur en aura enseigné les moyens, non seulement ils ne déserteront plus, mais les déserteurs eux-mêmes reviendront dans leurs paisibles demeures essayer de trouver ce qu'ils ont en vain cherché dans les villes.

Jusqu'à présent, le cultivateur n'a eu aucune véritable distraction pour se reposer de ses pénibles travaux ; il semble que dans toute la société il soit seul obligé de porter la plus lourde croix et de n'avoir pour toute récréation qu'un stupide ennui ou la gaité abrutissante du cabaret.

Donnez à cet homme non pas une éducation commerciale comme ses enfants la reçoivent dans les écoles, mais des enseignements qui lui fassent entrevoir sa noble carrière comme un art sublime par lequel l'intelligence humaine s'associe aux desseins du Créateur, Donnez à cet homme une récréation qui séduise son intelligence et ses intérêts, enseignez-lui l'art de la fécondation, et vous verrez aussitôt le cultivateur qui pousse ses enfants vers les villes et l'opulence, redevenir le père qui les retient par toute son autorité et qui leur apprend à trouver le bonheur dans les splendeurs des champs.

Quand ce beau jour viendra, on verra plus d'un père, qui naguères était triste et pensif tout le jour du dimanche, rayonner de joie et tenant ses enfants par la main, aller triomphalement dans ses champs les initier aux grands mystères dont la nature a gardé si longtemps le monopole.

Alors il n'y aura plus de dégoûts pour lui ni de découragements, car sa carrière particulièrement encouragée par le gouvernement se sera subitement élevée au-dessus des plus brillantes industries ; alors il sera fort parcequ'il sera sûr qu'en y attachant de grandes récompenses, la société apprécie son mérite, et quelle veut sa prospérité comme elle désire sa gloire.

La fécondation artificielle est donc appelée à maintenir les cultivateurs dans les champs, à transformer complétement l'agriculture et à fonder sa prospérité sur des bases nouvelles, car il est incontestable que les variétés s'améliorent tous les jours par la seule influence du hasard, et que, soumises à l'intelligence de l'homme, elles suivront une marche plus rapide dans la voie du grossissement et de la supériorité.

L'étude expérimentale des organes de la fleur et de leur réaction réciproque m'a conduit à la solution de ce grand problème, mais comme il m'est impossible de féconder convenablement à moi seul toutes les plantes utiles ou d'agrément, je propose aux esprits généreux et bien nés, aux âmes aimantes et mélancoliques, pour qui les choses sublimes ont de l'attrait, de s'associer à mes propres efforts.

Cette multtplicité de tentatives aura d'ailleurs un double résultat : celui d'augmenter les chances d'un prompt succès et de produire plusieurs variétés également supérieures.

Si jusqu'à ce jour l'homme a cédé son rôle au hasard et lui a constamment demandé ce qu'il pouvait se donner lui-même, nous sommes encore à temps de combler ce vide et d'accomplir notre véritable mission.

Ne laissons donc plus aux abeilles et aux vents qui agissent sans conscience un moyen qui assure notre prospérité et notre gloire. Cessons d'être routiniers, emparons-nous des moyens que le Créateur a bien voulu nous donner, et à l'œuvre, jusqu'à ce que nos efforts soient couronnés des plus glorieux succès !

NOTIONS PRÉLIMINAIRES.

Avant de commencer nos études sur la fécondation, je crois utile de donner quelques notions sur les divers organes de la fleur, et de les désigner par les noms sous lesquels ils sont généralement connus, pour en faciliter la compréhension et l'exécution.

Une fleur complète, c'est-à-dire chez laquelle les organes mâle et femelle sont réunis en elle-même, est dite hermaphrodite et se compose de quatre rangs d'organes qui sont :

Le calice,

La corolle,

Les étamines ou androcée,

Et le pistil ou gynécée.

Si nous prenons un bouton de rose, par exemple, les petites feuilles vertes généralement au nombre de cinq, et qui couvrent une partie du bouton, composent le calice. Chacune de ces petites feuilles se nomme sépale.

Après le calice apparaît la corolle, qui se compose également de feuilles diversement colorées et qu'on nomme pétales.

Puis, immédiatement après la corolle, et en allant vers le centre, se trouve une rangée d'organes qui se distinguent généralement par une forme allongée et cylindrique ; ce sont les étamines ou androcée. L'étamine se compose de deux parties bien distinctes : du filet qui est la partie allongée et cylindrique, et de l'anthère qui fait saillie au sommet du filet en affectant une forme mammelonnée plus ou moins déprimée à son centre.

Enfin, le pistil ou gynécée, constitue l'organe qui se trouve immédiatement au centre de la fleur et qui se compose de deux parties, dont l'une supérieure, le stigmate, et l'autre inférieure, l'ovaire. Le stigmate est l'organe qui transmet la liqueur fécondante aux ovules contenues dans l'ovaire. Les ovules sont les **graines** non fécondées qui existent à l'état rudimentaire dans toutes les fleurs. Ainsi, pour en donner un exemple, le grain de blé, qui existe dans l'épi avant que la fleur soit épanouie et fécondée, est une ovule. Après la fécondation l'ovule prend le nom de graine.

L'ovaire est l'organe qui contient les grains.

Quelle que soit sa forme, sa position et sa couleur,

le pistil se distingue toujours de l'étamine par son aspect plumeux, papilleux ou glutineux, tandis que l'étamine offre cette particularité remarquable : c'est que lors de l'épanouissement de l'anthère elle répand une sorte de poussière qui sert à la fécondation, et qu'on appelle pollen. Chaque grain de pollen est plein d'un liquide nommé fovilla. C'est la fovilla qui féconde l'ovule et qui, selon son état neutre, semi-neutre ou actif, imprime à l'ensemble du végétal qui résulte de la fécondation, un caractère particulier qui sert à le distinguer.

On verra dans le cours de nos études que le pollen neutre sert à reproduire la variété fécondée, le pollen semi-neutre à former des types mixtes ou hybrides, c'est-à-dire qui ne tiennent ni de l'un ni de l'autre, et le pollen actif qui sert à reproduire le type fécondant.

Chez plusieurs plantes, les organes mâles et femelles sont séparés. Ainsi, la nombreuse famille des cucurbitacées, parmi laquelle on compte les melons, les concombres, les citrouilles, les courges, etc., sont dans ce cas, et personne n'ignore que ces végétaux portent des fleurs mâles qui ne produisent rien, et des fleurs femelles qui produisent un fruit lorsqu'elles ont été fécondées.

Chez d'autres végétaux, les fleurs mâles sont portées par un sujet, et les fleurs femelles par un autre ; tels sont le palmier, le pistachier, le chanvre, les épinards, etc.

En général, les ovules sont fécondés par un seul et même pistil, mais il est des végétaux chez lesquels chaque graine est fécondée par un pistil particulier : rosier, poirier, coignassier, fraisier, etc., etc. Mais dans ce cas comme dans les précédents, le pistil, quoique multiple dans une même fleur, conserve ses mêmes caractères.

Nous verrons successivement, et à mesure qu'il y aura opportunité, la valeur représentative de chaque organe dans l'acte important de la reproduction.

PREMIÈRE PARTIE.[1]

CHAPITRE PREMIER.

Depuis longtemps j'avais remarqué que parmi les étamines d'une fleur il s'en trouvait de longues, de moyennes et de courtes, de minces et de grosses, mais absorbé par les études que je faisais sur les causes de la maladie de la vigne et sur la météorologie, je ne tirai aucune conséquence de cette première observation.

Plus tard, je me rappelai ces différences, et après les avoir étudiées et réfléchies, je me posai les questions suivantes : La fovilla contenue dans le pollen ne serait-elle pas soumise à l'influence du filet qui l'alimente ? Le filet lui-même ne serait-il pas influencé par l'organe qui le supporte ? Cet organe ne serait-il pas soumis à son tour à l'influence directe de toute la plante ?

Cent quatorze expériences décrites et enregistrées

avec soin me permettent de répondre affirmativement.

Ces mêmes expériences m'ont conduit à d'autres découvertes bien autrement importantes : c'est que les organes reproducteurs ne réagissent entre eux que sur les parties qui leur sont correspondantes, et que les proportions que les semis peuvent acquérir dépendent totalement de l'état de vigueur dans lequel les plantes se trouvent lors de l'acte de la fécondation.

Voici les représentatifs des organes de la fleur :

Dans l'organe reproducteur mâle, le filet représente la corolle ; l'anthère, l'ovaire ; le pollen, l'ovule.

Dans l'organe reproducteur femelle, le stigmate représente la corolle ; l'ovaire le fruit, et les ovules la graine proprement dite.

Cette observation démontre que chez les végétaux comme chez les animaux, les équivalants des organes reproducteurs sont renversés, c'est-à-dire que chez le mâle les correspondants s'observent du dehors au dedans ou de haut en bas, tandis que chez la femelle c'est du dedans au dehors, ou de bas en haut.

Ce renversement dans la position des représentatifs, graine à la base chez l'organe femelle, graine au sommet chez l'organe mâle, simule parfaitement l'opposition des pôles magnétiques, et il ne serait pas impossible que ces oppositions combinées ne fussent le point de départ de la vie.

Pour avoir une idée parfaite du système reproducteur végétal, prenons une fleur de petunia et commençons nos études par le centre même de la fleur. Si nous élargissons par la pensée les parois extérieures du stigmate, nous arrivons forcément à produire une corolle en tout semblable à celle de la fleur. Le stigmate n'est donc qu'une corolle dont les différentes parties sont intimement soudées entre elles.

Si nous coupons une étamine à la base de son filet et que nous la renversions, nous avons un organe qui représente parfaitement les différentes parties de l'organe femelle.

Les uns et les autres cependant ne remplissent pas les mêmes fonctions, car je crois être certain que l'ovule ne possède en lui-même aucune trace d'organisation, et que la forme des feuilles, des tiges, des fleurs et des graines, ne sont que le résultat immédiat de la fécondation elle-même. Et ce qui le prouve, c'est que le pollen d'une variété porté sur l'organe femelle d'une autre variété, reproduit dans des proportions variables la variété dont il émane. Si le végétal était organisé dans l'ovule, comment pourrait-il se modifier au point de prendre les caractères souvent fort tranchés qui servent à distinguer une autre variété de son genre ? Comment par exemple le concombre communiquerait-il avec la plus grande facilité sa forme, sa saveur et sa couleur aux graines de melons qui sont fécondées par une fleur mâle de concombre ? Qui ne sait également que les choux, les haricots, les pois, etc., etc., s'abàtardissent, c'est-à-dire perdent avec la plus grande facilité le caractère spécial qui les distingue.

La fovilla est donc réellement le principe créateur de la reproduction. Ce principe admis, on pourrait se demander pourquoi, dans toutes les fécondations opérées avec des variétés différentes, les variétés fécondante et fécondée se trouvent reproduites dans l'ovaire. Ce phénomène tient au fait même des variations qui existent dans les grains de pollen, car ce n'est que la stabilité du pollen dans les espèces primitives qui les rend inaptes à produire promptement de nouvelles variétés, surtout lorsqu'elles sont dans des conditions de culture naturelle.

Cette explication ne serait pas suffisante si nous n'ajoutions que, dans l'anthère d'une variété de genre, il existe des grains de pollen *neutres*, c'est-à-dire qui n'ont par eux-mêmes aucune influence sur la forme, la couleur et la proportion de la plante reproduite. Cette neutralité dans les grains du pollen, constitue les conséquences de la variation, car une variété serait invariable si elle n'avait en elle-même les moyens de se modifier. Or, dans les expériences que j'ai tentées sur la fécondation artificielle, j'ai été pleinement convaincu de ce fait, par raisonnement d'abord et ensuite par expérience. Aussi, tous ceux qui ne craindront pas de se rendre utiles et de chercher à alléger les maux qui pèsent sur l'humanité, pourront-ils voir, dans les expériences qu'ils tenteront, que, parmi les grains de pollen d'une anthère, il s'en trouve de très-petits, d'autres un peu plus gros et d'autres enfin beaucoup plus volumineux que les premiers. Leur couleur est également assez sensible pour qu'il soit permis de les distinguer, en sorte qu'avec une extrême précaution je suis parvenu à enlever trois ou quatre grains, qui, portés, sur le stigmate d'une autre variété m'ont donné les résultats suivants : Les grains de pollen les plus petits étaient féconds, mais les graines obtenues par cette fécondation n'ont reproduit que le type fécondé. Les grains de deuxième grosseur m'ont donné des hybrides qui ne tenaient ni du type fécondant, ni du type fécondé, et qui possédaient les caractères de l'un et de l'autre, enfin, les plus gros grains de pollen, m'ont constamment donné des sujets analogues au type fécondant. Il résulte de cette expérience que, dans une fécondation opérée avec des sujets qui ont déjà varié, on obtient toujours trois types différents, dont le premier représente le type fécondant, le second un type mixte ou hybride, et le troisième le type fécondé, d'où je suis porté à dire qu'il existe dans une anthère de variété, trois sortes de pollen : Pollen neutre, pollen semi-neutre, et pollen actif. Le premier, je le répète, produit le type fécondé, le second un type mixte, et le troisième le type fécondant. Puisque nous en sommes aux prises avec le pollen, je vais tâcher de démontrer comment les variations se produisent par la bonne culture et le changement de climat.

Au point de vue anatomique et physiologique, les

variations dans la forme et la grandeur de la fleur, dans la grosseur des fruits et des graines, tiennent à l'accroissement des organes reproducteurs, au point de vue physico-chimique, les variations dans la couleur de la fleur, et dans la saveur des fruits et des graines, tiennent à la réaction que la lumière et les éléments du sol exercent sur la substance pollinique.

On arrive assez facilement à augmenter les proportions anatomiques des organes d'une plante, par deux procédés inhérents à leur éducation.

Premier Procédé.

Les engrais qui réagissent le plus énergiquement sur les organes reproducteurs, tels que le phosphate de chaux, le guano, l'urine humaine, la colombine, la poulaitte, le sang décomposé, les vidanges, etc., etc., se rattachent spécialement à ce procédé. Aussi, dans les expériences que l'on tentera pour le perfectionnement des espèces, devra-t-on en faire usage en les appliquant aux terres qui leur conviennent, savoir : Pour les terrains humides, la colombine, le phosphate de chaux, l'urine humaine, mélangée avec de la cendre, et le guano. Pour les terres sèches, la poulaitte, le sang décomposé, la vidange. Ces diverses substances seront déposées à la surface du sol, et au pied des plantes. La quantité à donner à chaque plante ne peut être déterminée attendu l'excessive variabilité de la qualité du sol. Dans tous les cas, on devra en modérer la dose

pour éviter un excès de vigueur, qui porterait toute la
sève à l'extrémité des branches en la détournant au détriment des organes reproducteurs. On ne devra donc
employer qu'une cuillerée au plus de ces engrais.

Deuxième Procédé.

Le second moyen consiste à porter la sève de toute
la plante dans une tige spéciale, soit par le pincement
continu des branches ou des tiges latérales, soit en supprimant ces dernières, et ne laissant qu'une seule tige.
Lorsqu'on voudra employer ce moyen, pour arriver au
grossissement des organes reproducteurs, on devra
l'appliquer à la plante avant qu'elle marque fleur, c'est-
à-dire avant que le bouton floral ou l'épi, ne se mani-
feste sur la tige.

A ceux qui ont des terrains maigres, comme à ceux
qui possèdent des terres riches je conseille de se servir
de ce dernier procédé, qui est plus naturel et partant
plus durable dans ses conséquences.

Quant aux variations physico-chimiques qui comprennent la couleur des fleurs, la saveur des fruits et
des grains, je ne possède aucune indication certaine
qui puisse les déterminer, et je ne crois pas qu'il soit
encore permis à l'homme de les modifier au gré de sa
volonté. Je crois cependant, que l'électricité est appelée à jouer un grand rôle dans ces dernières transfor-
mations, et il est facile d'en concevoir les effets à l'a-
vance, si l'on se rappelle que les couleurs des fleurs et

la saveur des fruits ne sont produites que par les proportions acides qui entrent dans leur composition. On
pourra donc arriver à les modifier par cet agent, mais
le principal obstacle sera, je crois, de pouvoir isoler
toute la plante, de manière que le fluide ne s'écoule
pas à mesure qu'il entrera en contact avec elle.

Ces expériences sont dignes d'être tentées, car je
suis persuadé qu'avec de l'intelligence et la connais-
sance parfaite des réactions électro-magnétiques sur les
fluides élémentaires de l'organisme végétal, on pourra
obtenir des résultats merveilleux. Je ne doute pas non
plus qu'on puisse obtenir, par ce moyen, le camélia,
la rose et le dahlia bleus, qui se cultivent très-bien en
pots et qui, par cela même, peuvent très-bien s'isoler
Les études que j'ai faites sur la fixité et les variations
des couleurs végétales, me permettent de dire que le
résulat est possible par ce moyen, et que si la nature
elle-même ne l'a pas produit jusqu'à ce jour, c'est
parce que les semis qu'on a tentés n'ont pas été in-
fluencés, lors de leur organisation, par le fluide nécessaire à la modification de couleur qu'on se propose
d'obtenir.

Je considère également comme excessivement probable la modification de la saveur des graines et des
fruits, par le même moyen. Je dois ajouter que certaines substances modifient singulièrement la couleur
des fleurs et qu'employées de concert avec l'électricité,
elles pourraient hâter le moment où l'homme sera maî-

tre de les obtenir au gré de sa volonté. Ces substances sont :

La suie, qui contient de fortes proportions d'humate d'ammoniaque de chaux, etc., etc.

L'urate de potasse, qu'on obtient en saturant de la cendre avec de l'urine humaine.

Et, enfin, le phosphate de chaux provenant des coquillages fossilles en décomposition.

Maintenant que nous avons successivement examiné les moyens d'influencer les organes reproducteurs, je vais faire connaître les différentes parties qui représentent la fleur, l'ovaire et la graine.

Dans toutes les plantes monocotylédones et dicotylédones, les différentes parties qui composent les organes reproducteurs représentent d'autres parties qu'elles servent à reproduire. La fleur, l'ovaire et la graine ont des prototypes qui peuvent les modifier dans leurs proportions, aussi bien que dans leur multiplication. J'ai dit plus haut que le filet de l'étamine représentait la corolle, l'anthère l'ovaire, et le pollen la graine; je vais expliquer maintenant comment on parvient à agrandir ou à diminuer les proportions de l'ovaire, et comment on arrive au grossissement des graines. S'il est vrai que le filet et le pistil représentent la corolle, il est conséquent d'admettre que des proportions inaccoutumées chez ces deux organes doivent les modifier très-sensiblement dans leur reproduction. Si, par exemple, le filet d'une étamine prend des proportions anormales de grosseur et de longueur, on peut être certain qu'en fécondant un pistil avec le pollen contenu dans l'anthère de ce filet, on obtiendra des fleurs beaucoup plus grandes et à pétales plus épais. Si le pistil fécondé possède également de plus fortes proportions, le succès sera plus complet et plus évident encore, parce que presque toutes les fleurs atteindront de très-grandes proportions relativement à celles des types dont elles émanent. Ce n'est pas une expérience faite inattentivement qui m'autorise à établir ce fait : ce sont cent quatorze expériences exécutées, comme je l'ai déjà dit, avec tous les soins désirables.

Pour ce qui est de l'accroissement de l'ovaire, je constate actuellement et à l'aide des mêmes expériences citées ci-dessus, que l'ovaire acquiert des dimensions relatives à celles de l'anthère et qu'il en contracte les caractères, c'est à dire que si l'anthère est plus volumineuse qu'elle l'est ordinairement, la fleur qui proviendra de ce semis produira des ovaires également volumineux. Les ovaires qui résultent de cette fécondation sont beaucoup plus grands, plus pleins et contiennent assez fréquemment des graines sensiblement plus grosses les unes que les autres. J'ai remarqué en outre que si l'anthère était plissée l'ovaire offrait des rides très-prononcées.

Cette reproduction constante des caractères extérieurs de l'anthère sur l'ovaire confirme les conjectures que j'avais conçues à ce sujet; et, quoique tous les ovaires ne présentent pas les mêmes particularités, ce qui s'explique par les grains de pollen neutres et semi-neutres, on ne peut s'empêcher d'admettre que l'anthère est le représentatif de l'ovaire.

J'ai dit plus haut que j'avais opéré des fécondations avec des grains de pollen très-petits, moyens et gros ; Ces expériences, que mes nombreuses occupations ne m'ont pas permis de répéter, hormis la première, m'ont donné des résultats qui sont encore venus à l'appui de mes pressentiments. Les grains de pollen les plus petits m'ont donné des graines comparativement petites, les moyens des graines plus grosses et les plus gros des graines plus volumineuses. Quoique l'étude approfondie des organes et leur synonymie m'eussent démontré que les variations tenaient aux proportions qu'ils atteignaient, je n'ai pas été fâché que trois expériences différentes aient confirmé mes conclusions à ce sujet. Cette confirmation m'était d'ailleurs donnée par les nombreuses fécondations que j'ai opérées et avec les semis desquelles j'ai toujours obtenu des sujets dont les uns me donnaient des graines comparativement plus petites, d'autres chez lesquels elles étaient plus développées et d'autres enfin chez lesquels elles atteignaient des proportions tout-à-fait remarquables. Mais dans l'incertitude de la cause qui avait produit ces différences, je serais encore à me demander comment leur organisation était si différenciée, si les trois expériences que je viens de rappeler n'avaient résolu la question.

En examinant de plus près ces importantes modifications on acquiert une conviction bien plus grande de la vérité de ces faits par la simple observation. Tous ceux qui cultivent les plantes, quel que soit leur genre, ont dû remarquer que ce ne sont pas toujours les plantes les plus robustes qui donnent les graines les plus volumineuses. Ainsi, pour donner des exemples frappants de cette vérité, je citerai le haricot de Soissons nain, dont les grains sont beaucoup plus gros que ceux du haricot Prud'homme ou du haricot Prague, dont le développement herbacé dépasse de cinq fois au moins le haricot de Soissons nain. Dans les pois, la variété connue sous le nom de *pois Napoléon*, donne des grains beaucoup plus gros que ceux du *michaux de Hollande* qui dépasse en hauteur au moins deux fois le pois *Napoléon*. Dans la section des fruits, le poirier *Beurré Clairgeau* qui est sans aucune vigueur donne de très-gros fruits, tandis que le poirier *Petit rousselet* qui est très-vigoureux donne des poires très-petites. Dans les pêchers, la *Magdeleine blanche* qui est une espèce très-vigoureuse donne des fruits moyens, tandis que la *Chevreuse tardive* donne des fruits plus gros quoique l'arbre soit relativement d'une grande chétiveté.

J'aurais mille exemples à mettre à l'appui de ma conviction ; c'est que le fruit étant le produit immédiat de la fécondation ne peut-être modifié que par les organes qui le produisent.

On ne saurait objecter que les différences dans la

grosseur des graines et des fleurs sont produites au détriment de la plante, d'où résulterait sa faible constitution, parce que, à côté des variétés que je viens de citer, je peux opposer d'autres variétés dont les graines et les fruits sont tout aussi gros, quoique la plante soit d'une vigueur prodigieuse. Ainsi, dans les haricots, on peut citer le *haricot de Soissons* à rames, le *haricot de Lima*; parmi les pois, je citerai le *pois fère pois géant*, dont les grains dépassent en grosseur ceux du Napoléon.

Parmi les fruits le *poirier Catillac*, qui est très-vigoureux, donne d'énormes poires, et le *pêcher Reine des vergers*, qui est une des variétés les plus vigoureuses de ce genre, donne des fruits qui peuvent rivaliser avec les plus beaux.

Il est donc évident que les variétés de graines et de fruits sont produites par les organes qui servent à la reprodution et que les caractères qui déterminent leur distinction ont préalablement existé dans l'ovaire ou dans les ovules, dans l'anthère ou dans le pollen. Ce fait admis, on pourrait se demander comment il ne s'en produit pas plus fréquemment dans les grandes cultures où très-certainement les organes reproducteurs doivent subir des modifications assez importantes pour produire de nouvelles variétés. Cette objection vraisemblable en apparence, est sans aucun fondement parce qu'on n'a jamais songé à le constater et que, quand bien même il s'en produirait des millions, elles passeraient inaperçues, tant est grande l'indifférence du cultivateur à cette occasion. Les idées de prospérité agricole par le perfectionnement des espèces leur sont tellement étrangères qu'il n'est aucun d'eux qui, se sachant possesseur d'une bonne variété, se donne la peine de la marquer et de la récolter à part. A plus forte raison ne va-t-il jamais parmi ses sillons examiner les épis qui ont le mieux résisté à la coulure, aux rigueurs de l'hiver, ou aux brûlantes chaleurs de l'été. Aucun d'eux n'ira dans son champs palper un à un les plus beaux épis et marquer ceux qui lui paraîtraient les mieux conformés, les mieux garnis et les plus longs. Si parfois il cueille deux ou trois épis extraordinaires, c'est pour les montrer à ses voisins et les suspendre ensuite au beau milieu de sa cheminée. Là se bornent les conséquences de sa découverte ; il ne sait pas que dans ces deux ou trois épis il possède peut-être le germe de sa prospérité et de celle de toute la France. Il ne sait pas que si, au lieu de mettre ces magnifiques épis en parade, il les avait semés, il aurait pu se créer une variété dont le rendement aurait été double et même peut-être triple de celui de la variété qui l'aurait produite.

Mon blé est venu jusqu'à présent, il viendra bien encore! Et puis, à quoi bon me créer des soucis pour les autres alors qu'on s'inquiète fort peu de moi? Tel est le raisonnement que l'ignorance et les déplorables lacunes qui existent lui suscitent. Mais est-il croyable

que ce même homme tiendrait un semblable langage si
on instituait un prix en faveur de l'obtention de la plus
belle variété et s'il était initié aux moyens qui peuvent
l'élever et l'enrichir? Est-il croyable que, si le Comice
agricole de son arrondissement promettait de 200 fr.
à 500 fr. (et c'est peu de chose en raison des résultats
qu'on pourrait obtenir) à celui qui obtiendrait une variété supérieure, cet homme n'irait pas tous les diman-
ches, avec sa femme, ses enfants et ses serviteurs,
chercher dans ses champs l'épi merveilleux qui doit
enfanter sa prospérité?

En présence de ces obstacles, qui nuisent à tous et
qui ne sont profitables à personne, je crois devoir
m'élever de toutes mes forces contre ceux qui calculent
les moyens les plus efficaces pour entraver la propagation de l'instruction sous le prétexte que lorsque le
laboureur saura lire et écrire il ne voudra plus labou-
rer.

Sans doute, parmi ceux qui reçoivent les bienfaits
de l'instruction, il s'en trouve qui en font un motif de
désœuvrement, imitant en cela les esclaves qui se li-
vrent à quelques excès le jour où ils recouvrent la liberté, mais, on doit le dire à la gloire de la moralité,
les délits ne sont nulle part plus rares que dans les
campagnes où l'instruction a acquis la plus grande ex-
tention. Si parmi les enfants des cultivateurs il s'en
trouve un grand nombre qui abandonnent le toit paternel au sortir de l'école, pour embrasser une profession,

c'est qu'ils comprennent qu'ils ne pourraient avouer sans rougir leur condition de cultivateur, tant il est vrai que l'ignorance et la dépréciation pèsent sur cet art si sublime et si beau qu'il ne peut finir qu'avec le monde ! Mais qu'il soit donné à l'agriculture une impulsion libérale et sincère ; que des connaissances appropriées à la portée de tous les cultivateurs la relèvent aux yeux de tous ; qu'on ne l'acclame plus avec des mots et qu'on cesse de la flétrir par le fait ; qu'on abaisse la valeur de l'or pour élever celle de l'intelligence ; que l'on flétrisse ceux qui n'envisagent l'homme que sous le rapport financier, et l'on verra bientôt l'agriculture prendre sa véritable place pour dominer glorieusement toutes les autres industries.

Rien ne grandit une chose aux yeux de l'homme comme la considération qu'on lui porte. Or, l'agriculture ne peut être sérieusement relevée qu'à cette condition, et pour arriver à ce résultat, il faut que le savoir lui donne un éclat qu'elle ne possède pas ; il faut que par son instruction le cultivateur soit à même de raisonner son industrie et de s'en expliquer les phénomènes, qu'il puisse marcher de pair avec l'industriel et le commerçant et qu'il soit considéré non comme un être grossier mais comme un citoyen digne de la reconnaissance de la société.

CHAPITRE II.

Les études que nous venons de faire sur la valeur et l'analogie des organes de la fleur, nous permettent d'arriver à celles de la fécondation. Je vais donc redoubler d'efforts pour en faciliter l'exécution à tous ceux qui, guidés par un noble élan, voudront bien joindre leurs tentatives aux miennes propres, en attendant que le gouvernement avise aux moyens de la rendre plus féconde,

Cette importante partie de mon ouvrage sera divisée en trois sections dont chacune traitera des moyens :

De grossir les graines ;

D'augmenter le volume des fruits ;

D'élargir le feuillage et d'accroître la tige.

Première section.

Du grossissement des graines.

J'ai dit que, dans la fleur, la graine était représentée par deux organes synonymes : le pollen et l'ovule. Il nous sera donc facile d'arriver à des moyens de perfectionnement, en étudiant les circonstances qui influencent leur développement primitif et leur organisation combinée.

J'ai exposé ces moyens, dont le premier consiste à stimuler la plante par des engrais énergiques, et le second, par l'application du pincememt sur les tiges latérales ou par la suppression totale de ces dernières.

Le grossissement des graines étant réalisable pour tous les végétaux de première nécessite, l'étude de chaque genre en sera faite à part, et comprendra deux familles. Ces familles sont celle des graminées, qui comprend le froment, le maïs, le seigle et l'avoine, et celle des légumineuses, parmi laquelle on distingue en première ligne le haricot, le pois et la fève.

Tous les genres indiqués dans cet ouvrage seront réduits aux plus recommandables, pour éviter de le surcharger inutilement, et, aussi, afin que les personnes qui en feront l'acquisition pour tenter des perfectionnements ne soient pas sujettes à se méprendre.

FAMILLE DES GRAMINÉES

FROMENT — TRITICUM.

Un froment, pour être admis en culture, doit posséder trois qualités : 1° supériorité dans le rendement, la qualité et la beauté du grain ; 2° être doué d'une constitution qui lui permette de résister à la coulure, aux rigueurs de l'hiver et aux chaleurs de l'été ; 3° ne pas être sujet à dégénérer.

Sous ces trois rapports, voici les noms des froments qui possèdent plus particulièrement ces trois qualités :

Blé bleu— *Tritucum vulgare muticum*. — Rustique, productif, beau et de bonne qualité. Semé de bonne heure, c'est à dire fin février, commencement de mars, il réussit fort bien. Sa maturité plus précoce que celle de beaucoup d'autres froments, le fait rechercher pour les méteils. Semé en automne, il supporte parfaitement l'hivernage.

Saissette de Provence — *Triticum vulgare aritatum.* — Variété très-recommandable sous le rapport de la qualité et de la beauté du grain ; peu rustique, et d'un produit moyen, mais pouvant acquérir ces qualités par son croisement avec le blé commun Rivet.

Blé hérisson — *Triticum vulgare aristatum.*—Très-productif et de bonne qualité ; rustique et pouvant parfaitement servir comme blé marsais. Recommandable sous tous les rapports.

Blé commun Rivet — *Tritum turdigum.* — Variété rustique, excessivement productive, laissant à désirer sous les rapports de la qualité lors qu'on le compare aux blés saissette, mais compensant largement cette apparente infériorité par une production toujours assurée. Variété particulièrement recommandable et digne d'être perfectionnée.

Epeautre — *Triticum Spelta.* — Par sa rusticité remarquable, ce froment est d'une grande ressource pour les pays froids ou montagneux et dans les terres fortes. Quoique le grain soit difficile à extraire de la balle, la farine n'en est pas moins d'une qualité supérieure, ce qui doit encourager les cultivateurs à en essayer le perfectionnement, qui le dépouillera très-probablement de l'inconvénient qui te fait repousser des grandes cultures.

Engrain double — *Triticum monococcum*. — Bonne variété, réussissant parfaitement dans les terrains maigres, soit siliceux, soit crayeux, et ayant deux grains par épillet; son grain tendre fait espérer de grands résultats par son croisement avec les froments proprement dits.

Les graminées sont de toutes les plantes, celles dont la fécondation est la plus assurée. Il semblerait que le Créateur, en leur donnant cette facilité dans l'accouplement, les ait particulièrement destinées à la nourriture de l'homme. Jusqu'à ce jour, on s'est borné aux espèces qui sont venues par hybridation naturelle, mais il est certain que, si on avait tenté la fécondation artificielle sur les froments, on en aurait obtenu des résultats plus merveilleux encore que ceux dont l'horticulture s'enorgueillit à juste titre. Quoique les horticulteurs qui ont tenté l'hybridation des espèces l'aient faite sans connaître l'analogie des différents organes, et qu'ils s'en soient, en quelque sorte, remis aux soins du hazard, il est incontestable qu'ils ont opéré des prodiges. Mais que ne fera pas le cultivateur, qui pourra en quelque sorte se créer du blé comme il le désirera ! Car, avec les éléments que je lui donne, il ne doit plus *essayer* d'obtenir des espèces, il doit dire : « Je veux un blé dont le grain soit gros, l'épi long et la paille courte. » Et il le peut. Il serait possible cependant que ses tentatives ne fussent pas couronnées d'un succès complet, dès la première fois, parce qu'il faut

qu'une plante, pour acquérir des proportions inaccoutumées à son organisation, perde entièrement les ha-
bitudes des types dont elle provient. Ce n'est donc,
dans le plus grand nombre de cas, qu'à la deuxième ou
troisième hybridation, que l'on peut espérer d'arriver
à des résultats qui étonneront l'ignorance par leur facilité prodigieuse, et le monde par leurs merveileux
produits.

ORGANES ET FÉCONDATION DES FROMENTS.

Chez la plupart des froments, les étamines sont au
nombre de deux, trois et quatre. Les anthères, rarement portées par de courts filets qui les retiennent
dans les écailles florales, sont pendantes, en sorte que
ce ne sont pas toujours les étamines de la fleur qui fécondent le pistil, mais bien celles de la fleur supérieure.

Le pistil, formé d'un ovaire simple, est surmonté de
deux stigmates papilleux en forme d'aigrette, qui sont
droits, obiques, inclinés ou pendants.

L'examen des organes suffit pour démontrer combien la fécondation est facile dans les grandes cultures, lors-même que les pistils ne seraient fécondés
par aucune de leurs étamines. La légèreté du pollen
lui permettant d'être emporté par la plus faible brise,
et la fécondation se produisant par ce fait à de très-
grandes distances, la fructification est en quelque sorte
inévitable, à moins qu'il ne survienne des pluies con-

tinuelles pendant le cours de la floraison ; car, au contact de l'eau, le pollen crève et devient impropre à la
fécondation.

Le choix de l'anthère n'est pas indifférent, car outre
qu'elle représente par son pollen la grosseur de la
graine ainsi que je l'ai déjà dit, elle est également le
prototype de l'épi, qui, dans cette occurence, remplace
l'ovaire. On devra donc rechercher non seulement un
pollen bien nourri, mais encore une anthère qui soit
ample sur toutes ses faces ; qualités qui réagissent toujours sur les proportions de l'ovaire, et, par suite, sur
le nombre des graines.

Il est donc très-important que l'on choisisse avec
soin l'anthère avec laquelle on veut féconder un stigmate, lorsqu'on se propose le grossissement des graines.

Si l'on veut arriver promptement à la solution de ce
grand problème ; obtenir des épis plus longs et des
grains plus gros, le choix du sujet est tout aussi important à faire, à moins qu'on ne tienne pas aux proportions de la paille. Je crois cependant, qu'en cherchant à doubler les produits actuels, on doit également viser à trouver une variété qui épuise moins le
sol que les froments ordinaires, dont la paille longue
et très-grosse, les rends excessivement voraces, quoi-
qu'ils soient bien éloignés d'être les plus productifs.

Si donc on veut obtenir des variétés dont les tiges
plus minces et plus courtes épuisent moins le sol que

les froments à longues pailles, on devra prendre l'anthère fécondande sur un sujet très-court, et féconder un sujet à tiges également très-courtes. Si, au contraire, on veut obtenir des tiges longues, on devra prendre l'anthère sur un des sujets les plus longs et féconder un pistil porté par une des tiges les plus longues. Les dimensions que la plante acquiert étant produites, je l'ai déjà dit, par l'état de vigueur dans lequel se trouvent les types fécondant et fécondé.

Quant aux moyens de s'assurer de la grosseur de l'ovaire et par conséquent de l'ovule, ils sont impraticables vis-à-vis des graminées, parce qu'en écartant les écailles florales, on peut blesser les organes à féconder, et nuire considérablement à l'acte important de la reproduction.

On devra donc se borner à choisir dans un épi bien fait et long, l'épillet dont les balles extérieures seront larges et longues, caractères qui présagent toujours de la longueur et de la grosseur du grain.

Lorsqu'on voudra produire des variétés dont la balle retiendra fortement le grain, on fécondera un stigmate dont les extrémités seront très-droites et relevées, si, au contraire, on veut obtenir des variétés dont le grain se détache très-facilement de la balle, on fécondera un stigmate dont les extrémités seront très-pendantes. Les mêmes règles sont à observer pour l'anthère, c'est-à-dire, que l'on devra choisir une anthère, dont les bords de l'enveloppe se renversent le plus en s'ouvrant, si on veut un grain qui se détache très-facilement, tandis qu'on choisira un anthère qui s'ouvre à peine, pour avoir des grains fortement retenus par la balle.

Il serait très-possible qu'on parvînt à dépouiller l'épeautre et l'engrain, en se servant de ces procédés, et l'on en comprendra d'autant mieux la possibilité, qu'il existe deux variétés d'avoines nues. Il dépend donc de l'homme de se créer deux excellentes espèces de froment, qui sont d'une nature plus rustique, tallent davantage et sont bien moins sujettes à la coulure que les autres genres.

Avant d'essayer les procédés que j'indique pour le dépouillement de l'engrain et de l'épeautre, il serait bon de rechercher les épis dont les graines ont une prédisposition à se détacher de la balle. Ce serait une grande facilité pour arriver au perfectionnement désiré. Dans ce cas, il ne serait pas absolument nécessaire que l'épi soit long, ni que le grain soit gros, tout le problème consiste à faire une épeautre nue, car, une fois arrivé à ce point, le grossissement ne sera plus qu'une amusante récréation.

La facilité avec laquelle les graminées se fécondent à de grandes distances, soit par le vent, soit par les insectes, doit décider les cultivateurs à entourer leurs expériences de toutes les précautions qui peuvent en assurer l'exactitude, et, par conséquent, les résultats.

Les étamines des céréales paraissant généralement vers quatre heures du matin, ce sera donc la veille de l'épanouissement, qu'on devra opérer la castration, laquelle consiste à enlever les étamines du sujet et à entourer l'épi avec un cornet de papier, afin que le pollen des autres étamines n'entre pas en contact avec le stigmate. Cette opération étant faite, on portera l'anthère, qu'on aura choisie, sur le stigmate de la fleur que l'on désire féconder, en ayant soin d'y déposer tout le pollen de l'anthère. On laissera le cornet pendant toute la journée, après quoi, la fécondation étant opérée, on pourra l'enlever. Il ne serait pas nuisible, je crois, de supprimer la moitié de l'épi quelques jours avant la floraison.

La principale difficulté, on le voit, est dans la rencontre d'une anthère plus volumineuse et d'un ovaire plus long. Mais avec un peu d'attention on arrive bien vite à les distinguer et l'œil du cultivateur ne sera pas le moins habile à s'exercer à cette importante recherche.

SEIGLE — SECALE CEREALE.

Mêmes observations que pour le froment. Je citerai comme variété méritante et préférable à toutes les autres le seigle de Russie *(secale cereale Russia)*, dont le grain abondant est gros et de bonne qualité.

AVOINE — AVENA SATIVA.

Une seule variété nous occupera un instant; c'est l'avoine nue (avena nuda). Son grain, qui sort de la balle tout mondé, fait jusqu'à présent le seul mérite de cette plante, qui s'est constamment montrée d'un produit très-faible. Cette faculté de produire des grains sans écorce, contrairement aux autres avoines, prouve combien il est probable qu'on parviendra à dépouiller l'épeautre et l'engrain, qui, dès-lors, deviendraient nos premières races de froment.

La petitesse du grain de cette avoine, et son faible produit rebuteront peut-être l'ignorance de quelques indolents, mais l'homme actif et intelligent, ne se découragera pas devant cette difficulté d'enfant, et ne comprendra que l'avantage qu'on peut retirer par le perfectionnement de cette curieuse espèce. Je suis donc convaincu, que tous les bons cultivateurs tenteront le perfectionnement de cette graminée, dont les moyens et les règles à observer dans la fécondation, sont les mêmes que pour les froments.

MAÏS — ZEA MAÏS.

Cette graminée a les fleurs monoïques, c'est à dire, que les organes mâles et femelles sont séparés : les fleurs mâles, en panicule, au sommet de la tige, et les fleurs femelles en épis latéraux. Les stigmates qui sont très longs pendent le long de la tige à l'extrémité de l'épi qui les porte, et sont disposés de manière à recevoir le pollen qui tombe abondamment des fleurs mâles. Je crois que le maïs, plus que toute autre graminée, est appelé à subir de nombreux perfectionnements, entre autres la diminution de sa tige, dont la

hauteur et la grosseur, doivent évidemment épuiser le
sol d'une manière considérable. En outre de ce perfectionnement, désirable et très-important, il en est un
autre qui l'égale s'il ne le surpasse pas, c'est d'obtenir
une variété dont les épis très-longs et les grains très-
gros soient de bonne qualité.

Les cultivateurs qui voudront obtenir un maïs très-
haut et feuillu, pour fourrage, n'auront qu'à récolter à
part, les épis des sujets qui se feront remarquer par un
développement extraordinaire.

Les variétés de maïs les plus communément cultivées
en France sont *le gros jaune, le gros blanc,* et *le gros
rouge,* toutes variétés très-productives, mais murissant
rarement dans le nord, où l'on se sert communément
du maïs quarantin et du maïs à bec *(Zea rostrata)* qui
tend à remplacer le quarantin, comme étant aussi hâtif
et produisant davantage.

Dans les fécondations que l'on tentera sur cette graminée, on devra donc rechercher les épis les plus longs,
le mieux faits et comme pour le froment, choisir les anthères les plus développées. L'hybridation du gros
blanc, ou du gros jaune, avec le maïs à bec, pourrait
produire des variétés plus hâtives, aussi productives,
et peut-être de meilleure qualité. C'est donc une expérience aussi digne d'être tentée que celle des céréales.

FAMILLE DES LÉGUMINEUSES.

HARICOT. — PHASÉOLUS.

De toutes les légumineuses, le haricot est, je crois, le plus utile à l'homme, et celle dont la culture se fait avec autant d'avantage que de facilité. Il importe donc de créer des variétés plus productives et plus parfaites sous le rapport de la qualité et de la peau, qui, chez plusieurs d'entre eux, est un véritable parchemin.

Le haricot de Soissons, cultivé sur sa terre natale, est en peut-être irréprochable, mais on n'ignore pas que, si dans les cultures ordinaires il conserve à peu près son volume, il perd entièrement la saveur qui le place au-dessus des meilleurs haricots à consommer en sec.

On devra hybrider, de préférence les haricots sans rames, propres à la grande culture comme le haricot de Soissons nain, le nain blanc sans parchemin, et le flageollet ou nain hâtif de Laon.

La fécondation est difficile, par suite de la forme en spirale que l'extrémité de son stigmate affecte d'une manière plus ou moins prononcée, mais on parvient à l'opérer assez facilement, en fendant la carène, c'est-à-dire, le pétale roulé sur lui-même qui renferme les organes. Par ce moyen, les organes sont mis à nu, la suppression des étamines devient extrêmement facile, et l'application du pollen sur le stigmate beaucoup plus commode. A moins qu'on ne possède une boîte à fécondation, on fendra la carène avec la pointe d'une épingle, ou avec un instrument tranchant.

POIS — PISUM SATIVUM.

Pour le gourmet comme pour l'homme frugal, pour le riche, comme pour le pauvre, le pois constitue un aliment très-sain, agréable et recherché. Mais il laisse beaucoup à désirer, d'abord, parce que les variétés qui existent ne résistent ni aux rigueurs de l'hiver, ni aux brûlantes chaleurs de l'été, et qu'ensuite les variétés naines ou sans rames ne produisent pas assez.

L'homme peut arriver en peu de temps à de nombreux perfectionnements, et j'en suis tellement convaincu, que je ne considère plus nos variétés actuelles que comme autant d'espèces abandonnées sans retour. Voici les noms des pois que j'ai essayé dans mes cultures et dont je peux garantir la supériorité.

Pois Napoléon — le plus gros, le meilleur et le plus productif des pois nains ;

Gros nain vert de Prusse, variété méritante ;

Gros nain sucré productif, à gros grains et de très-bonne qualité.

Les cultivateurs et les jardiniers en particulier, ne sauraient trop s'attacher à produire de nouvelles espèces naines, qui dépasseraient celles ci-dessus indiquées, par leur produit, par leur saveur et par leur constance à résister aux fortes gelées comme aux brûlantes chaleurs de l'été. Même fécondation que pour le haricot, mais en prenant de grandes précautions, pour extraire les étamines qui sont presque toujours en contact avec les papilles du stigmate.

FÉVEROLLE — FABA VULGARIS EQUINA.

Les perfectionnements de la fève n'étant importants que pour la grande culture, nous ne conseillons de faire de tentatives sérieuses que pour la féverolle, à moins qu'on ne tienne à obtenir des variétés de fèves de marais (faba major), à cosses plus longues et plus nombreuses, pour manger en vert. Dans ce cas, ce sera à l'amateur de décider de son choix, mais je le répète, le perfectionnement de ce genre si utile, ne peut être sérieux que pour la féverolle, dont la culture présente une infinité d'avantages que j'énumère ; coupées en fleur, ou lorsque leurs gousses se forment, elles deviennent un excellent fourrage. Sa culture étant reconnue comme étant la moins épuisante, et aussi, comme une excellente préparation à de belles récoltes de froment, aucun végétal ne la dépasse en produit, et aucune plante ne la vaut comme engrais enfoui en vert. Tous ces avantages seront suffisants, je crois, pour engager à leur perfectionnement. Il en existe deux espèces : La féverolle ordinaire, particulièrement cultivée dans le midi, et la féverolle d'hiver qu'on cultive dans le nord, où la variété ordinaire gélerait.

La fécondation de cette légumineuse est en tout analogue à celle du pois et du haricot.

OBSERVATIONS RELATIVES

AU GROSSISSEMENT DES GRAINES.

J'ai dit dans le cours de cet ouvrage, que la graine était soumise à certaines conditions d'organisation qui la modifiaient et la rendaient variable dans ses formes, ses proportions et ses qualités.

J'ai démontré, les divers caractères par lesquels on reconnaissait les organes qui produisent le grossissement de la graine et l'accroissement de l'ovaire. Pour arriver au perfectionnement des espèces, l'homme pourrait peut-être se dispenser de féconder les plantes de grande culture, et résoudre cette importante question, en allant dans son champ cueillir l'épi le plus long, le mieux nourri, et le semer à part l'année suivante. Mais, sans énumérer les circonstances qui rendent ce moyen excessivement hasardeux, je crois qu'on ne doit pas l'adopter exclusivement, car il est facile de se rendre compte, que, dans une grande étendue de blé, il n'est guère possible qu'un stigmate soit bien imprégné du pollen d'une seule anthère, et sans aucun mélange. En outre, le résultat de la fécondation est impossible à constater, parce que les conséquences de la nouvelle organisation n'apparaissent qu'à la suite du semis. Or, il y a bien plus de chances, pour que le grain de blé merveilleusement fécondé soit dévoré par les moineaux, ou broyé sous la meule, que de servir à la semence de la récolte suivante. Outre que le grain devrait son ensemencement

à un grand hasard, il pourrait bien ne pas être pur de
race. Si l'on suppose que sa fécondation se soit opérée
uniquement par le pollen d'une anthère prodigieuse,
je peux fort bien supposer, que ce même pollen se soit
mélangé avec le pollen d'une anthère malingre et dif-
forme, qui annulerait en quelque sorte le perfectionnement qu'une fécondation unique aurait produit.

Loin de blâmer les recherches que le cultivateur pourrait tenter dans son champ, dans le but de découvrir
une variété remarquable et méritante, je l'encourage
au contraire de toutes mes forces à persévérer dans une
aussi bonne voie, mais je dis aussi, qu'en essayant ce
moyen, il ne doit pas négliger celui de la fécondation ;
qui seul le préserve d'une perte de temps et de l'incertitude.

Les jardiniers et les cultivateurs, feront donc toujours bien de marquer les pieds des graminées et des
légumineuses qui paraîtront dans une bonne voie de
perfectionnement c'est-à-dire, que, dans les céréales,
ils devront choisir un épi long, bien fait, nourri et pe-
sant, dans les légumineuses, des pieds trapus, chargés
de cosses dont les grains soient nombreux et gros.

Ils devront rechercher en outre, les sujets qui résis-
teront le mieux aux âpres rigueurs de l'hiver, comme
aux brûlantes chaleurs de l'été, ces perfectionnements
sont aussi importants que les premiers, et sont appe-
lés à rendre des services tout aussi grands que le grossissement. Par ce moyen seulement, on parviendra à

créer des espèces réellement rustiques, car je ne connais aucun autre procédé qui prédispose à acquérir ou à perdre cette faculté.

En semant des pois à la mi-juin, et récoltant à part ceux qui auraient le mieux résisté à l'action corrosive de la lumière et de la chaleur, on parviendrait peut-être à créer des pois d'été, ce qui serait d'une ressource immense pour l'approvisionnement des marchés.

J'appelle donc l'attention particulière des jardiniers, cultivateurs et amateurs, sur la solution de cet important problème.

Avant de terminer ces observations, j'insiste une fois de plus, pour que tout le monde fasse des essais sur la fécondation, qui ne coûtant que quatre ou cinq minutes de travail à chacun, peuvent enfanter des prodiges, augmenter notre bien-être et notre gloire.

Trouver une variété de graminée ou de légumineuse supérieure à celles que nous possédons, est sans doute une très heureuse découverte, mais la créer, c'est se rendre digne de l'admiration du monde, c'est s'élever par un bienfait au-dessus des plus grands héros même, parce qu'ils ne grandissent que par la destruction.

CHAPITRE III.

Augmentation du volume des fruits.

Je ne connais pas encore le résultat des expériences que j'ai tentées sur le grossissement des fruits (1), mais je crois pouvoir en indiquer les moyens, les expériences que j'ai faites sur des haricots, me démontrant actuellement que l'anthère est le représentatif du fruit, comme elle l'est de la cosse et de la gousse.

Les études physiologiques que l'expérience a toujours confirmées, m'indiquent que l'ovaire, quelque soit sa position et sa forme, ne peut être représenté que par un même organe qui est l'anthère.

Ce principe admis, que l'anthère est réellement la cause des modifications qu'un fruit subit, il me sera facile de démontrer que les variations qu'ils éprouvent si facilement, sont en général déterminées par cet organe.

Et en effet, les expériences que j'ai tentées sur des pois, des haricots et des pétunies, toutes plantes qui, fécondées en mai, juin, donnent des sujets chez lesquels la fructification arrive à sa maturité dans le courant du mois d'août me donnent en ce moment des ovaires plus volumineux, des cosses plus longues, plus charnues, et les grains sensiblement plus gros. Je dois observer que ces résultats n'étaient pas généraux,

---

(1) Depuis que ceci est écrit j'ai obtenu un melon extraordinaire qui a confirmé mes observations et auquel j'ai donné le nom de miraculeux en raison du volume de sa chair qui mesure 8 centimètres d'épaisseur et dont le poids ordinaire est de cinq à six kilog.

attendu la variété des expériences, et les facultés neutres, semi-neutres et actives, que j'ai reconnues dans le pollen.

Avec six gousses de pois et de haricots que j'avais fécondées, et desquelles j'avais obtenu vingt-sept grains que j'ai semés, je possède actuellement plusieurs sujets qui rendent quatre, cinq, et six grains par gousse, tandis que leurs types n'en avaient que deux, trois et quatre. Les grains d'une variété de pois, provenant de ce semis, ont même notablement grossi et je crois qu'en les fécondant de nouveau l'année prochaine j'obtiendrai des grains beaucoup plus gros encore. Dans l'une de ces expériences, je notai particulièrement une fécondation dont l'anthère qui m'avait fourni le pollen, était beaucoup plus épaisse que ses consœurs. Cette fécondation me produit des gousses beaucoup plus charnues que celles de ses types.

La théorie elle même, (qu'on me permette de l'invoquer dans une œuvre tout-à-fait expérimentale) confirme totalement mon raisonnement. Ainsi, l'on admet, en physiologie végétale, que la feuille se compose de trois couches; d'une pellicule supérieure généralement dépourvue de stomates ; d'une masse parenchymateuse intermédiaire et d'une pellicule inférieure garnie de stomates. Ces différentes parties rapportées au fruit constituent : la première, ou pellicule supérieure, l'endocarpe, ou loge des graines; la partie intermédiaire ou parenchymateuse, le sarcocarpe, ou la chair du fruit; et la troisième, ou pellicule inférieure, l'épicarpe, ou la pellicule externe du fruit.

Or, ces différentes parties, sont constamment reproduites dans l'anthère, qui a évidemment pour objet de réagir sur le fruit, et d'en varier la forme autant que les proportions et la qualité.

Tout ce que les hommes ont de connaissances en physiologie végétale, et tout ce que l'expérience m'a démontré viennent donc à l'appui de l'opinion que je m'étais formée sur la reproduction organisatrice des fruits. Les rapprochements que l'on admet en physiologie sont vraisemblables mais ils doivent paraître bien moins arbitraires dans un organe reproducteur, que dans la feuille, qui semble beaucoup plus distancée dans sa transformation que l'anthère. Et, en effet, tout s'explique dans l'anthère; veut-on un fruit plus juteux, on choisira une anthère plus molle, plus aqueuse, tandis qu'on la prendra coriace si on veut un fruit dur et cassant. Désire-t-on obtenir un fruit qui acquière du volume, on choisira une anthère qui soit épaisse, charnue et très-grande, pour féconder un pistil dont l'ovaire présente à peu près les mêmes conditions.

Il n'y a donc rien que de très-probable, que l'anthère est le représentatif du fruit, et j'en suis tellement convaincu, que j'ose assurer les plus grands succès aux jardiniers et amateurs, qui s'occuperont de cette branche importante. La fécondation naturelle a produit une de nos plus belles poires : la duchesse d'Angoulême.

l'homme ne pourrait-il donc pas se créer un fruit plus gros et plus savoureux? L'intelligence ne pourrait-elle pas mieux faire que l'intermédiaire stupide des vents et des mouches?

Pour le paresseux, cet être insipide qui ne ressemble à rien tant il est inutile, la difficulté ne sera plus dans les moyens d'exécution, elle consistera dans la recherche d'une anthère proportionnée au grossissement que l'on veut obtenir.

Mais quand bien même un jardinier ou un cultivateur passerait dix jours entiers à la recherche d'une anthère phénoménale, ne serait-il pas suffisamment dédommagé par l'obtention d'un beau fruit ou d'une énorme graine? On fait cinq mille lieues pour aller en Californie chercher de l'or, mais là-bas, la fortune est-elle aussi assurée, qu'elle pourrait l'être en France, pour les hommes intelligents qui s'adonneront à la fécondation?

Si jusqu'à présent l'Agriculture et l'Horticulture ont été peu lucratives, c'est parceque les hommes qui les ont embrassées ont été routiniers. Si donc on veut qu'elles s'élèvent, il faut grandir avec elles, sans quoi l'harmonie du produit, n'étant plus en rapport avec celle du travail, cesserait inévitablement.

Le système de fécondation est le même pour tous les fruits : poirier, pommier, pêcher, prunier, néfles, coignassier, cerisier, vigne. Il consiste à choisir un pistil dont l'ovaire soit bien conformé, et le plus gros possible, à supprimer les étamines et à poser le pollen de l'anthère qu'on aura choisie sur le stigmate ainsi préparé. Les fleurs qui toujours abondent sur les arbres fruitiers, font de l'isolement du pistil à féconder, une nécessité qu'on ne doit pas oublier de remplir. Je me bornerai donc à citer les espèces de fruits les plus recommandables, afin que les propriétaires qui voudront tenter des expériences, opèrent sur les variétés qui possèdent déjà un très-haut degré de perfection, et qui, par cela même, peuvent contribuer éminemment à faciliter l'obtention d'une ou de plusieurs variétés supérieures.

Pour me conformer aux usages je diviserai les fruits en trois catégories qui sont celles des : fruits à pépins, fruits à noyau et fruits en baie.

CATÉGORIE DES FRUITS A PÉPINS.

POIRIER. — PYRUS.

Parmi les nombreuses collections de poires qui figurent dans les catalogues je citerai les suivantes comme étant particulièrement recommandables :

Poires d'été et d'automne : Bon chrétien Williams, Beurré magnifique, Duchesse d'Angoulême, Beurré Clairgeau, Trésor d'amour.

A couteau et à cuire : Beurré d'Aremberg, Passe Colmar, Doyenné d'Alençon, Bergamotte Espéren, Beurré d'Hardenpont.

Poires à cuire seulement : Bon chrétien d'hiver.

POMMIERS. — PYRUS MALUS.

Pomme ménagère (la plus grosse de toutes), Reinette blanche du Canada, Reinette grise de Saintonge, Calville blanc d'hiver, Calville rouge d'hiver, Reinette grise, haute bonté.

FRUITS A NOYAU.

CERISIER. — CERASUS.

Cerises douces : Royale tardive, Belle de Chatenay, Royale hâtive.

Cerises acides : Gros gobet (Montmorency à courte queue), de Spa.

Bigarreaux : Gros cœuret, — cœur de pigeon, de Metzel, Napoléon, Noir à gros fruits.

PRUNIER. — PRUNUS.

Reine Claude, Reine Claude rouge de Van Mons, Reine Claude violette, Royale hâtive, Damas de Tours, Sainte-Catherine, Washington, d'Ente (Robe sergent), prune d'Agen.

ABRICOTIER. — ARMENIACA VULGARIS.

Pêche, Abricot de Nancy, Royal, Gros hâtif de Saint-Jean, Abricot d'Alexandrie.

PÊCHER. — AMIGDALUS PERSICA.

Grosse mignonne ordinaire, Magdeleine rouge, de Malte, Belle de Paris, Monstrueuse de Doué, Reine des vergers, Vineuse de fromentin, Téton de Vénus.

FRUITS EN BAIES.

VIGNE. — VITIS VINIFERA.

Les variétés de vignes changeant de nom avec chaque localité, je ne citerai que les raisins de table. Les cultivateurs sauront faire le choix des cépages les plus productifs et les meilleurs, pour faire le vin. Voici le nom des meilleurs raisins de table :

Chasselas de Fontainebleau, Gros coulard, Muscat d'Alexandrie, Raisin Verdot, Saint-Pierre.

GROSEILLER. — RIBES, RUBRUM.

A fruits rouges : Cerise, Rouge de Hollande.

RIBES ALBUM.

A fruits blancs : Blanche de Hollande.

CASSIS. — RIBES NIGRUM.

Groseiller épineux ou à maquereau *(Ribes uva crispa)*, Grosse verte longue, Grosse verte ronde, Très-grosse jaune, Très-grosse ronde, couleur olive.

La liste des différents fruits que je viens de donner paraîtra sans doute très-abrégée, comparativement aux longues nomenclatures des catalogues; j'en conviens, mais comme elle n'a été faite que pour le cultivateur proprement dit, on ne trouvera plus extraordinaire que je me sois borné à nommer les espèces réellement méritantes. Ne serait-il pas ridicule de proposer des variétés très petites comme le Rousselet, par exemple, tandis que nous possédons le bon chrétien Williams, la duchesse d'Angoulême, le beurré magnifique, le trésor d'amour etc etc? Que faut-il au cultivateur? Des produits qu'il puisse toujours vendre vite et chers. Quelle que soit la saveur d'un petit fruit, sera-t-il préféré à un gros fruit excellent? Pour l'exportation, comme pour la consommation sur place, ne recherche-t-on pas toujours les plus beaux fruits? La duchesse d'Angoulème a-t-elle jamais été refusée sur un marché?

Je crois donc que les motifs qui ont dicté ma réserve, seront compris, et que le cultivateur me saura gré de m'être associé à ses plus chers intérêts.

Je ne me suis jamais expliqué pourquoi les pépiniéristes persistaient à maintenir dans leurs catalogues des variétés de fruits très-inférieures, sous le rapport de la qualité et de la beauté. Est-ce pour tromper leurs clients? Est-ce par routine? Je l'ignore, mais le motif quelqu'il soit, est injustifiable, puisque, depuis les tables les plus somptueuses jusqu'aux plus frugales, les beaux et bons fruits sont seuls admis. Autrefois, où les variétés de fruits étaient peu nombreuses, il convenait peut-être de les admettre toutes, mais aujourd'hui que nous possédons des perfections dans ce genre, n'est-il pas utile d'abandonner non-seulement les plus défectueuses, mais encore les moins productives?

Cette question qui intéresse l'une des branches les plus utiles de l'Agriculture, mérite d'être sérieusement examinée et appropriée aux progrès que nous faisions tous les jours.

CHAPITRE IV.

De l'élargissement du feuillage et du grossissement de la tige.

J'ai dit que la tige était généralement reproduite, dans des conditions de développement relatives à celles où elle se trouve au moment de la fécondation : rien n'est plus vrai, et tous les jours, l'expérience vient changer mes conjectures en certitudes.

Cette constance dans les résultats prouve une fois de plus que la plante n'influe ni sur la fleur, ni sur le fruit, ni sur la graine, puisque de très-petits végétaux à grandes fleurs, à gros fruits, ou à grosses graines, produisent fréquemment des variétés beaucoup plus vigoureuses, dont les fleurs sont plus petites, les fruits moins volumineux, et les graines sensiblement moins grosses.

L'accroissement des tiges et des feuilles par la fécondation, exige quelques précautions qu'il est très-utile de prendre, donc toutes les fois qu'on se proposera de réagir sur la tige et les feuilles, on placera ses végétaux fécondants et à féconder, dans les conditions les plus favorables à leur développement. En général, une atmosphère chaude, humide et ombragée donne aux plantes un développement inaccoutumé, en sorte que l'on devra chercher par tous les moyens possibles, à placer les végétaux dans cette condition.

L'hybridation seule produit de remarquables effets d'augmentation dans les feuilles et la tige ; la fécondation simple, c'est-à-dire, faite avec les organes d'un même sujet, peut également donner de beaux résultats, mais qui sont loin cependant, d'atteindre ceux de l'hybridation, autant que j'ai pu en juger par les expériences que j'ai tentées à ce sujet.

Le pincement et les engrais stimulants, sont indispensables pour obtenir des récoltes réellement remarquables, lors donc que l'on se proposera d'accroître les proportions d'une tige, on fécondera les fleurs qui se produisent sur des gourmands ou sur la tige la plus vigoureuse en ayant soin de supprimer toutes celles qu'on ne voudra pas féconder. Cette suppression devra s'opérer sur les sujets fécondants et à féconder, et au moins quinze ou vingt jours avant l'épanouissement de la fleur. A ces moyens qui concourent tout particulièrement au développement de la tige, on devra joindre un pincement très-court sur toutes les branches, de manière à forcer la sève à se porter dans les feuilles, dans le but d'accroître leur développement. Ces procédés qui sont particulièrement applicables aux tabacs, et aux superbes bégonia que l'horticulture a créés en quelques années, sont également usitables pour les plantes potagères.

L'expérience a parlé à tous au sujet de ces dernières, car personne n'ignore que le développement d'un chou, par exemple, est d'autant plus grand, que les branches florales qui ont produit la graine se trouvaient plus rapprochées des feuilles les plus larges. C'est pourquoi on coupe entièrement la tête des choux que l'on réserve pour graine, afin de l'avoir meilleure, en forçant les yeux du tronçon à se développer, le plus bas possible, ou si l'on veut parmi les feuilles les mieux développées.

Pour les salades et les épinards, j'ai constamment observé la même chose et je crois que ce principe, que cent-quatorze expériences ont confirmé, en dehors des connaissances pratiques de tous les jardiniers, m'autorisent à le donner comme sûr et applicable à tous les végétaux. Les herbes gagneraient probablement beaucoup à être fécondées par ce moyen si simple, que tout le monde peut l'exécuter.

Il serait facile, je crois, d'obtenir une collection de plantes plus avantageuses pour la culture sous chassis que celles que nous possédons. Le melon, le concombre, l'aubergine, la tomate, les pois, les haricots, etc., doivent être pris en considération, et je ne doute pas que les jardiniers n'arrivent à *travailler* ces végétaux au gré de leur volonté.

Une question non moins importante se rattache à ce chapitre; c'est le grossissement des racines et des tubercules. Malheureusement l'expérience ne m'a pas encore parlé a ce sujet, et c'est à peine si je puis indiquer quelques observations antérieures à mes découvertes sur la fécondation, Néanmoins j'ai toujours observé dans mes cultures qu'une racine ou un tubercule se développaient d'autant plus, qu'ils poussaient moins en feuilles. J'ai également observé, que les terres nouvellement fumées, faisaient pousser beaucoup plus de tiges ou de feuilles que les terres neuves non fumées, où cependant les tubercules atteignaient des dimensions énormes, enfin, j'ai remarqué que les terres calcaires, durcissaient la peau du tubercule, la rendaient écailleuse et imprimaient au tubercule un caractère particulier de dégénérescence, tandis que dans les terres douces, (sablonneuses) la peau était fine, les formes correctement contournées, les tubercules plus gros, meilleurs, et d'une apparence plus vigoureuse.

Il est fâcheux que quelques expériences n'aient pas donné à ces observations un mérite particulier, car on pourrait dire que la pomme de terre et l'igname de la Chine, auraient bientôt acquis leur dernier degré de perfectionnement.

Si je ne me trompe, ces observations, combinées avec les connaissances physiologiques que nous possédons, sur les rapports de développement que les tiges et les racines ont entr'elles, pourraient nous conduire à la solution du plus beau problème que l'on puisse se proposer.

Ainsi, il est admis en physiologie, que le développement des racines est en rapport avec celui de la tige ou des feuilles, c'est-à-dire, que si les tiges acquièrent un grand développement, celui des racines est en rapport avec les proportions de ce même développement. Mais l'expérience a appris que les racines pouvaient se dé-

velopper en quelque sorte au détriment de la tige, soit
que la température du sol fut favorable à leur développement, et celle de l'atmosphère défavorable à celui des
tiges, soit que le grossissement des racines tint à des
phénomènes géologiques dont j'ignore les caractères et
les lois. Dans les cultures forcées de radis, carottes,
navets, etc. le développement des racines est d'autant
plus grand que la température du sol est plus élevée,
(sans l'être à l'excès cependant car il y a une borne à
tout) et celle de l'atmosphère relativement plus basse,
l'inverse a lieu, si les conditions d'existence sont également inverses. Ainsi, la tige ou les feuilles seules
prendront de l'accroissement, si la température atmos-
phérique est élevée et celle du sol très-basse. Certaines
terres neuves et douces chez lesquelles la tige se développe peu, et les racines beaucoup, possèdent des qualités spéciales qui, je crois, les rendraient particulièrement propres au grossissement des racines et des tubercules, par la fécondation. Les causes qui réagissent sur
le grossissement de la tige dans la fécondation, m'ayant
été prouvées par l'expérience, il est indoutable qu'en
faisant choix des conditions les plus favorables à l'accroissement des tubercules, et racines, et au raccourcissement de la tige, on ne parvienne à créer des espèces tout-à-fait supérieures à celles qui existent.

Pour arriver à ce résultat, je crois qu'il serait con-
venable de s'assurer d'abord de la qualité du sol en le
soumettant à quelques petits essais, et, lorsque les con-

ditions paraîtraient favorables, de tenter la fécondation.
J'engage donc tout particulièrement les jardiniers et
cultivateurs à faire des expériences à ce sujet, en remplissant autant qu'il leur sera possible les conditions
physiologiques qui peuvent leur assurer de bons résultats. Dans ce cas, ce ne sont plus les organes qu'il faut
étudier, c'est le mode de végétation.

RÉSUMÉ

Une fleur complète est composée de quatre rangs
d'organes : le calice, la corolle, les étamines ou organes reproducteurs mâles; le pistil ou organe reproducteur femelle. Le calice et la corolle n'exercent aucune
influence sensible dans l'acte de la reproduction. L'é-
tamine et le pistil seuls y participent.

L'étamine se compose de deux parties : le filet, l'anthère. Le filet est en quelque sorte le stigmate renversé
et sert à produire des modifications dans la corolle
dont il est le représentatif. L'anthère est la partie de
l'étamine qui contient la poussière fécondante; sa partie membraneuse représente l'ovaire, l'épi, la gousse,
la capsule, etc. (que j'ai confondus sous une seule dé-
nomination, l'ovaire, pour mieux en graver le sens
dans la mémoire), et le pollen, la graine proprement
dite; en sorte que l'on choisira l'anthère la plus grande pour produire un ovaire plus grand, un épi ou une
gousse plus longs, etc., et le pollen le plus gros pour
obtenir des grains plus volumineux.

Le pistil se compose également de deux parties : (1) du stigmate, de l'ovaire (gousse, épi, capsule, baie, follicule, drupe.

Le stigmate est l'organe sur lequel le pollen se dépose, et se transmet directement aux ovules d'où résulte leur organisation.

L'ovaire est la partie ou les graines prennent naissance sous le nom d'ovules, sont fécondées, s'organisent et grossissent sous le nom de graines.

La graine n'est donc que l'ovule fécondée. La tige et les feuilles sont reproduites dans l'orgnisation de la graine, dans des conditions proportionnées à celles que possédaient les sujets fécondants et fécondés, lorsqu'on a opéré l'hybridation, c'est-à-dire que plus la tige des sujets est vigoureuse et développée plus celle des sujets qui proviendront des graines acquièrent de développement.

L'expérience ne m'ayant démontré aucun moyen d'amélioration pour les racines et les tubercules, je renvoie le lecteur à ce que j'ai déjà dit.

La fécondation se fait en supprimant les organes mâles de la fleur, et en déposant le pollen de l'anthère

---

(1) Quelques botanistes en admettent trois : le stigmate, le style, l'ovaire, mais cette distinction est surabondante parce que le style et le stigmate ne constituant qu'une seule et même partie ne remplissant qu'une seule et même fonction, ne peuvent être qu'un seul organe : il ne peut y avoir distinction qu'autant que les fonctions sont différentes.

que l'on aura choisie, sur le stigmate ou organe femelle.

Pour les graines et les fruits, le choix de l'anthère est de la plus grande importance, puisque leur perfectionnement tient essentiellement à cet organe. On devra donc choisir l'anthère la plus volumineuse, et pour y arriver, ne pas craindre de chercher de fleur en fleur, jusqu'à-ce qu'on en ait trouvé une qui se distingue de toutes les autres par ses proportions.

Pour toutes les plantes qui possèdent de nombreuses variétés, et qui sont à même d'être fécondées par leurs congénères, on devra isoler la plante, ou tout au moins la fleur, qu'on se proposera de féconder, jusqu'à l'application du pollen. L'isolement se fait soit en entourant la plante d'une toile ou avec du papier, soit en la mettant sous cloche, mais pour le plus grand nombre ce dernier moyen est impraticable. On fera donc bien de se servir d'une poche de papier blanc huilé, qui transmet parfaitement la lumière, tout en la dépouillant de ses pernicieux effets.

Malgré mes efforts pour faciliter à tout le monde la compréhension parfaite de la fécondation, je suis persuadé que beaucoup de personnes ne comprendront que vaguement, et que par quelque oubli involontaire, elles annuleront les bons résultats qu'elles seraient en droit d'en attendre.

Il serait donc très-opportun que le Gouvernement nommât un professeur de fécondation artificielle, qui, réunissant tous les instituteurs soit au chef-lieu de leur département, soit au chef-lieu de leur arrondissement, leur donnerait des leçons démonstratives de fécondation, tant pour leur rendre l'opération plus intelligible, que pour répondre aux questions qui pourraient lui être adressées.

De retour chez eux, les instituteurs deviendraient les conseillers et les plus utiles propagateurs de la fécondation, d'abord, par les instructions spéciales qui leur seraient données par le professeur, et ensuite par la facilité qu'ils ont de communiquer avec tous les propriétaires et cultivateurs, dont ils pourront faire de zélés expérimentateurs.

Mais quand bien même cette innovation ne serait accueillie que par les instituteurs, quels résultats ne doit-on pas en attendre, quand on pense qu'une même expérience serait répétée trente-mille fois sur tous les points de la France!

Quelle école pourrait offrir cette multiplicité de tentatives, cette variété de terres, de climats et de circonstances, qui changent en quelque sorte à chaque pas, et qu'il est impossible à l'homme de produire?

Mais pour rendre plus féconde encore cette innovation elle ne doit pas être bornée aux instituteurs et à la France... Il faut que tous les citoyens et tous les peuples participent à cette grande œuvre... Il faut que ceux qui n'ont pas de propriétés expérimentent dans leur jardin, que ceux qui n'ont ni propriétés ni jardin, sèment du blé dans des pots et le fassent croître sur leur fenêtre à côté de leurs fleurs... Un grain merveilleux peut aussi bien être produit sur la fenêtre d'une jeune fille, que par le plus grand savant dans le plus beau champ du monde.

DEUXIÈME PARTIE.

Des moyens de doubler les fleurs et d'en varier à volonté les proportions et la forme.

Il n'est pas besoin de faire ressortir la beauté et l'élégance des fleurs pour démontrer l'influence salutaire qu'elles exercent sur le bien-être moral de l'homme. Quel est le savant, en effet, dont l'esprit fatigué par l'étude qui, dans ses moments de recréation, ne s'est pas penché pour cueillir quelques violettes ou quelques brins de réséda? Quel est l'amant qui, dans un ineffable moment de mélancolie et de besoin de voir celle qu'il aime, n'a pas respiré dans le doux parfum d'une fleur la suave haleine de sa maîtresse? Quel est le poète qui n'a pas cherché dans les formes élégantes des fleurs et leur éclatante fraîcheur, la cadence et l'harmonie de ses vers l'expression ou la forme de sa pensée ou de son sentiment?...

Le berger lui-même en fait l'ornement de sa houlette, et le laboureur la donne à sa future qui la reçoit comme un précieux gage de celui qu'elle aime. L'enfant joue avec elle et ses petites mains blanches, qui semblent si tendres et si délicates se salissent bien souvent à remuer la terre qui la fera croître. — Heureux âge où la nature se révèle dans toute sa candeur et prend ses droits avant que le monde ne l'ait assombri sous son ciel nuageux !

A mesure que la civilisation se développe leur goût se propage ; ce qui formait autrefois une cour sale et puante est aujourd'hui un petit jardin au milieu duquel s'élève une charmante corbeille de fleurs ; sur les côtés, des massifs remplacent les débris de pierres, de tuiles et de vieux bois pourris ; contre les murs, où la mousse végétait verte et grise, comme une lèpre hideuse, sont fixées des plantes grimpantes qui en cachent la froide nudité ; sur les croisées, quelques pots de réséda, de pensées, de violettes, où la jeune fille vient achever son rêve et mêler ses souvenirs à leurs suaves parfums.

Je crois donc être utile une seconde fois en indiquant les moyens qui peuvent les embellir encore et augmenter par ce fait la faveur dont elles jouissent, faveur qui contribue éminemment au maintien de la propreté, à la purification de l'air et au bien-être moral de ceux qui n'ont pas comme l'habitant des campagnes l'immensité du ciel et l'air pur des champs.

Comme pour la graine, deux. organes représentent la fleur. Ces organes sont : le filet, le stigmate.

Ce principe admis, il est facile de concevoir que la fleur s'agrandira d'autant plus que ses représentatifs seront plus gros et plus allongés tandis qu'elle deviendra d'autant moins large que ces mêmes organes seront plus courts et plus minces. Pour m'en rendre un compte exact, j'ai expérimenté sur des pélargonium des œillets et des pétunia : les résultats ont toujours été réguliers au point qu'ayant fécondé un pélargonium avec une des deux étamines avortées qui sont placées au-dessous des pétales supérieurs j'ai obtenu une fleur de neuf millimètres de diamètre c'est-à-dire trois fois plus petite que son type tandis que j'ai eu des fleurs de quatre centimètres et demi de diamètre en fécondant avec des étamines dont les filets étaient très-longs et très-gros. Dans le genre pétunia les résultats ont été les mêmes. En fécondant avec des étamines dont le filet était très-court, j'ai obtenu des fleurs tellement petites qu'elles ne dépassaient pas douze millimètres, tandis que les filets très-longs et très-gros dont je provoquais la production par culture spéciale, donnaient fréquemment des fleurs de dix centimètres de diamètre. Je dois noter, que pour favoriser l'agrandissement et le raccourcissement des fleurs, je choisissais des stigmates dont les proportions minces et courtes ou grosses et longues, suivant le résultat que je me proposais, facilitaient considérablement les modifications qui en étaient la conséquence.

Dans les fleurs doubles, la réaction du filet et du stigmate sont tellement caractéristiques qu'avec un peu d'intelligence on parvient promptement à modifier au gré de sa volonté la forme des pétales et de la fleur.

Supposons, par exemple, que je désire une fleur à pétales allongés en pointe; que ferais-je dans ce cas? Je choisirai une étamine soudée à un pétale (1) étroit et long. Si, au contraire, je veux une fleur dont les pétales soient de forme arrondie, je choisirai une étamine soudée à un pétale de forme presque ronde. Si je veux une fleur de forme concave, c'est-à-dire, dont les pétales sont dressés, je choisirai un stigmate droit si chaque graine en possède un (rosier, pélargonium) ou dont les bords sont relevés s'il est unique pour plusieurs graines (pétunia, convolvulus). Si je préfère, au contraire, une fleur de forme convexe, c'est-à-dire, dont l'extrémité des pétales retombe et forme le parasol, je rechercherai le stigmate le plus incliné possible s'il ne féconde qu'une graine, ou celui dont les bords seront les plus renversés si au contraire il sert à la fécondation de plusieurs. Le degré d'inclinaison du stigmate est

----

(1) Par étamine soudée au pétale, j'entends une étamine dont le filet, libre dans la fleur simple, est adhérent dans toute sa longueur, à un pétale dans les fleurs doubles. Les fleurs simples dont les étamines sont soudées à la corolle ne peuvent pas se doubler.

reproduit si exactement qu'on peut donner à la fleur que l'on se propose de composer une forme déterminée selon son goût.

Le stigmate représente donc la forme totale de la fleur et ses dimensions, et le filet la forme, la grandeur et l'épaisseur des pétales. Les expériences que j'ai faites sur les fleurs doubles m'ont permis d'observer un fait non moins important dont la réaction du filet était la cause : c'est la reproduction dans la fleur des irrégularités du filet ou du pétale auquel il est soudé. Si le filet ou le pétale auquel il adhère est tortueux plus ou moins déprimé sur sa longueur, ou s'il présente une forme irrégulière les pétales qui proviendront de la métamorphose des étamines seront mal faits, irréguliers, chiffonnés et très-sujets à ne pas se développer. Si, au contraire, le filet est droit, uni, bien fait et si le pétale auquel il est soudé est également irréprochable dans sa forme, on obtiendra des fleurs doubles d'une beauté et d'une grâce inimitables.

Parfois même les moindres détails sont reproduits. Si les bords du pétale auquel le filet est soudé présente une sorte de bordure gaufrée, comme le sont les cols des dames, cette singularité est reproduite dans la fleur. C'est même par ce moyen que j'avais obtenu le superbe pétunia à fleurs gaufrées qu'on a admiré à l'exposition de la société d'horticulture de la Gironde.

Cette réaction du filet n'est pas toujours constante, probablement par suite des propriétés neutres et semi-neutres qui peuvent prédominer dans les grains du pollen. Dans tous les cas, les modifications que l'on se propose d'accomplir ont toujours lieu seulement les sujets sont produits en plus ou moins grand nombre.

Le phénomène physiologique qui détermine la transformation du filet et de l'anthère du stygmate et de l'ovaire en pétales mérite une explication. Cette explication sera absolue pour le moment, attendu qu'il m'est impossible d'exposer dans cet ouvrage les modifications différentes que les forces vitales éprouvent dans un organe.

Si l'on a bien senti l'analogie que j'ai établie entre le filet et le pétale, on comprendra aisément que le filet tendra à revenir à un mode d'organisation plus simple pour peu qu'il soit influencé par son synonyme, qui, ayant plus de surfaces et par suite plus d'influence, lui imprime les caractères de son organisation.

L'adhérence d'un pétale à un filet sera donc une cause assez puissante pour décomposer un organe composé, le filet, et le ramener à l'état plus simple de pétale.

Si l'étamine est un organe renversé et que le pistil, au contraire, soit un organe plus parfait et placé dans des conditions plus naturelles, il est évident que l'étamine a pour objet de communiquer au pistil une impulsion organisatrice qui, combinée avec la force organisante de ce dernier, produit la vie. J'ai dit plus haut que le filet et le stigmate représentaient les organes fo-

liacés de la fleur, corolle ou pétale, eh bien, l'expérience vient à l'appui de ce principe.

Lorsqu'on féconde une fleur simple avec une étamine
soudée à un pétale prise indifféremment sur une fleur
presque simple ou semi-double ou double, la fleur simple produit des sujets qui sont à fleurs doubles. Or, la
cause de cette modification ne saurait être attribuée au
filet parceque s'il eut été libre et dégagé du pétale, il
n'aurait prodnit que des fleurs simples. C'est donc la
présence du pétale qui a influencé le filet assez énergiquement pour lui communiquer son mode de développement, Jusque-là, il n'y a que le filet qui soit réellement soumis à l'influence du pétale ; d'où vient la transformation en pétale du pistil qui semble dégagé de
toute influence ? De la réaction du filet sur le stigmate
qui contracte l'impulsion organisatrice que le pétale
imprime au filet. Lorsque l'influence du pétale sur le
filet est considérable elle se communique également à
l'anthère et aux grains du pollen qui à leur tour réagissent sur l'ovaire et les ovules, comme le filet sur le stigmate, et déterminent leur métamorphose en pétales.
Dans les fleurs de pétunia bien doubles on remarque
en effet, que la base des pétales est précisément fixée
de la même manière et dans le même ordre que le sont
les graines. Le seul contact d'un pétale et d'un filet a
donc suffi pour imposer à tout le système reproducteur
un mode d'organisation semblable au pétale.

Je dois observer que cette facilité de transformation

du pistil en pétales ne s'observe en général que chez les fleurs dont un seul stigmate sert à la fécondation de plusieurs graines et que son absence ne sera totale que pour les fleurs dont le nombre des graines est considérable. (Pétunia œillets en général,) tandis que sa transformation fera exception lorsque chaque graine est fécondée par un stigmate particulier (Rosier Reine Marguerites.) Cette différence tient sans doute à ce que le stigmate possède plus de stabilité et de résistance lorsqu'il ne féconde qu'une seule graine que lorsqu'il sert à la fécondation de plusieurs qui l'affaiblissent et le rendent par cela même, moins susceptible de résister aux influences du filet.

En général, et pour le plus grand nombre des fleurs doubles, le filet n'est pas tenu d'être en contact immédiat avec un pétale pour déterminer la transformation des organes reproducteurs en pétales, il suffit qu'il soit très-gros, long, applati autant que possible, et pris dans une fleur double. Dans ces conditions le filet produit un aussi grand nombre de sujets à fleurs doubles qu'un filet pétaloïde.

Telles sont en abrégé les causes qui déterminent la transformation des organes reproducteurs en organes pétaloïdes.

Il sera donc facile aux jardiniers et amateurs de doubler les fleurs qui sont encore simples en favorisant par les procédés de culture l'apparition d'une étamine pétaloïde (Etamine soudée à un pétale).

Le meilleur procédé qui me soit connu pour la production d'une étamine petaloïde consiste à tailler la plante le plus court possible sans nuire à la floraison (il y a des végétaux auxquels on ne peut appliquer cette opération sans annuler l'apparition des fleurs) et à soumettre de temps à autre la plante à la température la plus basse qu'elle peut supporter de manière à provoquer un trouble continuel dans la végétation. Pendant la durée du régime on n'arrosera que peu à la fois et qu'au fur et mesure que les feuilles se faneront. Cette condition d'arrosement est importante à observer parce qu'elle contribue éminemment à rendre la végétation saccadée à déterminer la confusion dans l'organisation des organes floraux et à faciliter parconséquent la soudure d'une étamine et d'un pétale. Lorsque le mode de floraison le permet (Géranium Pétunia etc.) on arrive plus promptement par ce procédé. Tailler la plante, très-court, laisser pousser l'œil supérieur de chaque branche et supprimer tous les autres; pincer lorsque les nouvelles tiges ont quatre ou cinq feuilles; laisser pousser en ne laissant que l'œil supérieur des tiges qui se seront successivement produites. La sève sans cesse contrariée et élaborée par son mouvement successif dans les tiges produites, pousse à la floraison avec tant d'activité après ces différentes opérations, que, bien souvent, les fleurs sont soudées par deux et même par trois. J'ai toujours obtenu des filets pétaloïdes par ce moyen.

Le lecteur a compris sans doute que ces différents soins sont apportés dans le but de faire perdre à la plante son uniformité de végétation et de produire ce que les *naturistes* appellent une monstruosité. A cette occasion je ferais observer que les *naturistes* qui ont qualifié ce phénomène de monstruosité n'avaient pas conscience de l'acception de ce mot parce que loin d'être une monstruosité le doublement des fleurs n'est au contraire qu'un retour vers une organisation plus simple et parconséquent beaucoup moins monstrueuse qu'ils semblent le croire.

L'expérience est facile et à la portée de tout le monde et si mes instructions sont suivies mes élèves m'annonceront bientôt de magnifiques résultats. C'est mon espoir car je compte sur leur reconnaissance.

Achille BARBIER.

Ce 25 Octobre 1861.

J'ai pensé que tous ceux qui liront mon petit livre tenteraient des expériences de fécondation sur les céréales, les fruits, les légumes ou les fleurs.

Sans aucun doute, grand nombre de ceux qui expérimenteront obtiendront de très-beaux résultats, mais ces résultats perdraient toute leur valeur s'ils n'étaient connus que de ceux qui les produiront,

Le seul et vrai moyen d'être utile en agriculture comme en horticulture consiste à propager ses connaissances pratiques et les perfectionnements qu'on peut avoir créés, car, dans l'état actuel des choses, chacun visant au monopole, il s'ensuit d'excessives lenteurs dans la propagation des belles et bonnes variétés de céréales, de fruits et de légumes, et des jolies variétés de fleurs.

Il convient de parer à ces inconvénients, qui ne font pas la fortune de ceux qui les produisent, et qui entravent considérablement la prospérité nationale.

Je me demande souvent comment on peut faire payer une nouveauté trois fois, cinq fois et même dix fois sa véritable valeur? Par ce qu'elle est rare, me répondra-t-on. J'en conviens, mais pourquoi ne la multiplie-t-on pas assez pour qu'elle devienne de suite à bon marché? N'est-il pas arbitraire de payer 3 francs et même 5 francs une nouvelle variété de poire qui bien souvent ne vaut pas la duchesse d'Angoulême ou le beurré Clairgeau qui ne coûtent que 60 centimes? N'est-il pas exhorbitant de payer une rose nouvelle souvent très-inférieure aux variétés de collection 5 francs, 10 francs et même jusqu'à 20 francs, quand on a les plus belles roses pour 1 franc ?

Il est d'ailleurs très-facile de démontrer combien ce mode d'exploitation est préjudiciable aux intérêts de l'obtenteur. Supposons, par exemple, qu'un horticulteur obtienne une rose nouvelle, réellement belle, et qu'il la cote à 20 francs ; combien aura-t-il d'acquéreurs ? Cent peut-être ? Parmi ces cent acheteurs il y aura bien vingt horticulteurs, qui la livreront au commerce l'année suivante, et qui, par ce fait, détruiront d'un seul coup l'exploitation de l'obtenteur par la concurrence toujours croissante qu'ils lui opposeront. Cent souscripteurs à 20 francs produisent 2,000 francs, mais lorsqu'on n'a pas un établissement renommé, un journal complaisant et des catalogues, que de frais n'a-t-il pas fallu faire avant de les réaliser ! Que d'annonces, de prospectus, de correspondances, qui toutes coûtent fort cher, n'a-t-il pas fallu avant d'avoir la confiance d'un public qui craint peut-être avec raison d'être dupe ! Et, en somme, que reste-t-il à l'obtenteur ? Peu de chose, si toutefois il n'a pas un surcroît de dépenses.

En établissant une pépinière centrale où l'on ne cultiverait que les qualités supérieures et au moyen de laquelle l'obtenteur réaliserait de *véritables bénéfices* et l'acheteur une grande économie, on satisferait ainsi les intérêts du semeur et la confiance des acheteurs.

Pour remplir ce double but, je me suis décidé à créer un établissement spécial pour la propagation immédiate des immenses nouveautés supérieures de céréales, fruits, légumes et fleurs que l'établissement s'empresserait d'acquérir ou de débiter aux prix de facture si l'obtenteur en faisait une spéculation particulière.

Afin de seconder les fécondateurs, dont le nombre ne pourra

que s'accroître, et faire connaître les résultats des expériences les mieux réussies, je publierai un journal qui sera d'une utilité toute aussi grande pour ceux qui n'ayant pas réussi ou n'ayant pas expérimenté sur les genres dont on aurait perfectionné les parties spécialement utiles ou agréables, seraient bien aises de les posséder à peu de frais.

Ce journal répondra au double but qu'il est appelé à remplir et s'intitulera :

LE FÉCONDATEUR.

Il y aura deux modes d'abonnement :

Le premier, qui sera de 5 francs par an, pour le journal seulement et payables d'avance.

Le second, qui sera de 10 francs donnera droit outre la réception du journal à dix variétés méritantes nouvelles et produites par la fécondation des céréales, des fruits, des légumes et des fleurs, soit 5 francs pour le journal et 50 centimes pour chaque nouveauté.

On ne s'abonne pas uniquement aux nouveautés.

Les abonnés de 10 francs sont priés d'indiquer la série des nouveautés, (céréales — fruits, — légumes, — fleurs,) qu'ils préféreront recevoir, afin qu'on leur expédie jusqu'au nombre de dix, toutes les nouveautés qui seraient produites dans cette même série. Au fur et à mesure que les nouveautés se produiront le journal en donnera une description complète, de manière à guider le mieux possible le choix des abonnés.

Pour 1862, dix nouveautés extra-supérieures de pétunia à fleurs doubles seront mises à la disposition des abonnés. Ces pétunia dont les couleurs sont parfaitement tranchées sont:

N° 1, **Victoire-Marie,**—rose frais, rayé violet vif. (Fleur parfaite, très-jolie et très-attrayante).

N° 2, **Béranger,**—violet pourpre très-foncé. (Fleur un peu chiffonnée, mais remarquable par sa couleur).

N° 3, **Lamartine,**—violet vif. (Fleur très-belle et jolie).

N° 4, **Gloire de Blaye,**—rose vif. (Très-belle et très-jolie fleur).

N° 5, **Splendeur des champs,**—violet foncé carminé. (Fleur très-régulière et jolie).

N° 6, **Victoire-Marie nouveau,**—rose rayé violet, bordé de vert. (Remarquable par la beauté, l'élégance et l'abondance de ses fleurs).

N° 7, **Présent du ciel,**—rose satiné très-clair. (Fleur parfaite, très-pleine et jolie).

N° 8, **Original,**—rosé, lilacé, rayé, violet. (Fleur quelquefois un peu chiffonnée, mais remarquable par l'odeur d'œillet qu'elle exhale).

N° 9, **Joyeau des jardins,**—lilas satiné. (Fleur parfaite, très-jolie et remarquable).

N° 10, **Achille Barbier,**—violet vif, bordé de vert. (Remarquable par la beauté, l'élégance et l'abondance de ses fleurs).

Tous ces pétunia sont de pleine terre et forment des massifs d'une beauté incomparable. Ils se multiplient très-facilement de bouture, et se conservent sous châssis froid ou en serre.

Les numéros 6 et 10 qui constituent un *genre nouveau* peuvent se palisser et s'élever à deux mètres sans perdre en rien leur faculté florifère, résultat qu'aucun pétunia n'a donné jusqu'à présent.

Pour 1863, les nouveautés consisteront en agératoires dont je possède actuellement six magnifiques variétés (blanche, rose, lilas, nankin, violet et bleu d'azur), j'attends la rouge et la pourpre. Ces agératoires sont naines, inodores, et fleurissent toute l'année.

Pour 1864, géraniums à fleurs doubles.

Pour 1865, œillets remontants, nains, trsè-florifères.

Aucune de ces nouveautés ne seront livrées antérieurement aux époques ci-dessus indiquées.

La publication du *Fécondateur* commencera le premier mars 1862.

Pour encourager les souscriptions à une œuvre éminemment utile, je donnerai, à titre de prime, aux 300 premiers abonnés, *une graine du melon miraculeux*, que j'ai obtenu par mes procédés de fécondation et dont la chair, d'une saveur égale à celle des meilleurs cantaloups, mesure huit centimètres d'épaisseur dont deux de peau et six de chair proprement dite.

Ce melon, qui est d'une culture très-facile, est hybride, de forme allongée à côtes saillantes, comme le prescott dont il provient, et d'un poids ordinaire de 5 à 6 kilog. Une liste nominale des trois cents premiers abonnés, avec l'indication de leur résidence sera jointe au premier numéro du *Fécondateur*. A cette occasion, j'exprime le désir que ces souscripteurs m'autorisent à les nommer, afin que ceux de leurs voisins qui n'auraient souscrit qu'après le complément des trois cents puissent constater les qualités remarquables qui distinguent cette excellente cucurbitacée, dont je promets des graines à tous les souscripteurs au mois de juillet 1862.

Je ne détermine pas le nombre des variétés de céréales, fruits et légumes qui pourront être livrées chaque année parce que ne voulant expédier que des nouveautés réellement supérieures, il me faudra le temps de les étudier pour en constater le mérite réel.

A l'avance, je puis affirmer que mon établissement ne sera pas l'objet d'une pure spéculation et que l'on pourra s'y adresser en toute confiance.

Seuls les souscripteurs au journal et aux nouveautés auront la faculté d'avoir à 50 centimes le sujet, plusieurs exemplaires d'une même variété. Toute personne non abonnée les payera un franc quel que soit le nombre demandé.

Par une même conséquence, les abonnés ne payeront le paquet de graine que 50 centimes au lieu de un franc.

Le bas prix auquel je livre mes articles ne me permettant de supporter aucune perte ni de prendre à mes soins les frais de recouvrements pour des sommes qui seront toujours très-minimes, toute personne qui fera une demande devra joindre à sa lettre le montant des objets demandés.

Ne craignant aucune rivalité dans les genres que je cultiverai, des échantillons de fleurs seront envoyés à toute personne qui en fera la demande par lettre affranchie et qui joindra à sa demande la valeur de un franc en timbre poste ou en un mandat pour remboursement des frais d'emballage et de transport.

A mon établissement sera joint un cabinet de consultations, pour les questions qui ont rapport à la force vitale, anatomie, physiologie, organes reproducteurs, fécondation et culture des plantes. — Prix de chaque question : 1 franc.

Afin de donner une idée de l'utilité pratique du *Fécondateur*, j'indique quelques-unes des questions qui seront successivement traitées :

Force vitale des végétaux. — En quoi consiste-t-elle ? — Démonstration expérimentale.

Des causes de la maladie de la vigne. — Observations et démonstration. — Moyen curatif très-avantageux pour la grande culture, et particulièrement recommandable pour la Champagne, où *l'emploi du soufre est impossible.* — Avantages de ce procédé sur le soufrage par son efficacité immédiate, son économie et sa neutralités sur les qualités du vin.

Moyen infaillible et pratique pour que l'ouvrier ait toujours du pain à bon marché, sans modifier en aucune manière l'état actuel du commerce et sans l'intervention du Gouvernement et de l'administration.

Influence des alcalis terreux sur les parties herbacées des végétaux. — Avantages et application de ces propriétés.

Théorie de l'organisation et de la reproduction des êtres par la fécondation. — Démonstrations expérimentales.

Cette explication de l'organisation animée qui est tout à fait expérimentale, grâce à des applications que j'ai imaginées, est la plus curieuse, la plus complète et la plus simple qui ait jamais été donnée. Tout le monde la lira, je pense, car elle est la plus belle critique de l'athéisme et la plus grande preuve d'une Intelligence suprême.

Moyen de faire fleurir en automne les plantes qui ne fleurissent qu'au printemps, lilas, coronille, deutzia, fraisiers, poiriers, cerisiers, etc., etc.

Théorie des influences qui portent les plantes à *pommer;* choux, laitues, etc., etc. — Expériences démonstratives.

Des causes qui déterminent le mouvement et le repos de la sève. — Démonstration.

Composition des meilleurs engrais.

Procédés de culture des plantes d'agrément, etc., etc.

Je publierai, en outre tous les perfectionnements sur la fécondation que l'expérience me fera connaître et tous ceux que mes élèves auront heureusement accomplis et qu'ils voudront bien me communiquer.
Je me suis assuré le concours de plusieurs agriculteurs et horticulteurs distingués, je me plais à croire que ceux que je ne connais pas voudront bien me faire l'honneur de s'inscrire

au nombre de mes collaborateurs.

Je fais donc appel à leur savoir comme à leur patriotisme, pour l'accomplissement d'un progrès qui est le plus utile, puisqu'il embrasse les besoins de la vie et du monde.

S'adresser, pour toute demande de renseignements et abonnements, à M. Achille BARBIER, à Blaye *(Gironde)*. — Les lettres non affranchies seront refusées.

ACHILLE BARBIER, à Blaye (Gironde), Consultations en matière de fécondation, de force vitale des plantes, d'organisation végétale, etc., etc. — Chaque leçon 1 franc, qu'on peut envoyer en timbres poste ou en un mandat.

Graines de pétunia à fleurs doubles et de fleurs : le paquet 50 c. pour les abonnés, 1 fr. pour les non abonnés. Pour les jardiniers, les nouveautés seront livrées à 30 fr. le cent de sujets enracinés et 25 fr. le cent de boutures non enracinées.